51DANPIANJI YUANLI JI YINGYONG JISHU

51单片机

原理及应用技术

高艺　郭振武　赵二刚　主编

U0264678

化学工业出版社

·北京·

图书在版编目（CIP）数据

51 单片机原理及应用技术/高艺，郭振武，赵二刚主编.
北京：化学工业出版社，2016.6
ISBN 978-7-122-26884-6

Ⅰ. ①5⋯　Ⅱ. ①高⋯ ②郭⋯ ③赵⋯　Ⅲ. ①单片
微型计算机　Ⅳ. ①TP368.1

中国版本图书馆 CIP 数据核字（2016）第 085790 号

责任编辑：卢小林　　　　　　　　　　　　　　文字编辑：张绪瑞
责任校对：王素芹　　　　　　　　　　　　　　装帧设计：王晓宇

出版发行：化学工业出版社（北京市东城区青年湖南街 13 号　邮政编码 100011）
印　　装：三河市延风印装有限公司
787mm×1092mm　1/16　印张 14　字数 371 千字　　2016 年 8 月北京第 1 版第 1 次印刷

购书咨询：010-64518888（传真：010-64519686）　售后服务：010-64518899
网　　址：http://www.cip.com.cn
凡购买本书，如有缺损质量问题，本社销售中心负责调换。

定　　价：48.00 元

前言
Foreword

20 世纪 70 年代，单片机诞生了。此后，以 8051 系列为代表的 8 位单片机在全世界范围内流行和发展，在各个领域得到了广泛的应用。近年来，虽然以 ARM 为代表的 32 位控制器作为后起之秀也在迅速地发展，但 51 系列单片机在工业控制领域的应用仍然无法替代，它将继续发挥巨大的作用。

编者在高校从事单片机教学多年，在授课过程中，感觉单片机的理论比较艰涩，如果理论教学和实验教学脱节的话，很多学生在学习理论知识的时候就容易产生困惑和畏难情绪，在实验中也不能很好地将理论知识应用于实践开发。通过多年的探索，编者认为，将理论和实践教学统一起来，在实验中学习理论知识，有助于加深学生对于理论知识的理解，学习起来更加直观、生动。基于这个想法，编写了本教材。

本书的一个突出的特色是，注重理论和实践的结合。全书以实际应用为背景，以工程项目的设计和实现的全过程为主线。学习者以一名电子系统开发人员的角色，一步步地完成整个电子系统的设计。这样的学习方式有很多的优点：

首先，市场上的很多教材都是按知识点划分、以章节为单位介绍单片机的理论知识，但往往学习者学完了整本书，仍然无法有效地将这些知识点有机地串联、组织起来，应用到实际开发当中去。而本书一开始就为学习者展示了这个精心选取的、颇具代表性的单片机项目的功能模块、核心硬件模块及知识点结构，学习者首先在脑海中建立的是一个完整的单片机知识结构框架。在这个基础上，在本教材的指导下，不断地充实和完善这个知识结构，这样的学习方法效率高，目标明确，有助于知识的系统化和整体化。

其次，本书不仅重视理论和实验知识的传授，同时注重引导和培养学习者的项目开发思维，传授实际的项目开发经验。本书的第 2 章，着重介绍了电子系统方案设计流程、项目需求分析、系统方案设计、硬件结构建设等内容，并以流程图、框架图的方式直观地展示出来。这些内容在很多教材中是没有的，却是项目开发者在项目前期必须要面对和思考的，本书设身处地地为学习者着想，在这方面着重加以指导。

此外，在本书的指导下，学习者以一名电子系统开发人员的角色，从零开始，经历了项目方案设计、软硬件开发环境建立、语言基础学习、单元模块学习和设计，最终将所有知识点整合起来，对项目进行综合设计和实现。在这个过程中，学习者如同经历了一次真实的项目开发过程。即使是初学者，在本书的指导下，每完成一个模块的设计和实现，都会获得一定的成就感，增强单片机学习的兴趣和乐趣。而随着这个项目的完成，看到亲手实现的这个综合性高、功能复杂的电子系统，学习者无论是在理论知识、动手能力、实践经验亦或是学习信心等方面，都将做好迎接更大挑战的准备。

在实际编写的过程中，笔者对于教材的细节也有较多的考虑和设计：考虑到了学习者的实际情况，注重运用 Proteus 和 Keil 进行软件仿真，使得学习者在开始学习的时候，不需要花时间或金钱去制作或购买开发板和硬件；在程序基础的部分，介绍了汇编语言和 C 语言两种语言基础，这两种语言各有优点，建议学习者不要偏废，尽量全部掌握；为了使学习者一目了然，直观形象，笔者绘制了比较多的程序和设计流程图，特别适合初学者学习和理解；每一个步骤的软件截图和程序示例（包括注释）都非常详细，即使是自学者也能通过对照学习轻松掌握软件操作和程序设计。

本书除作为高等学校自动化相关专业教材外，还适合单片机开发爱好者、51 单片机开发技术人员及社会培训班学习和使用。

本书由南开大学高艺、郭振武、赵二刚主编，高艺完成了第 1 章和第 4 章的编写，赵二刚完成了第 3 章 1-5 节的编写、孟庆斌完成了第 3 章 6-8 节的编写，李晓晨完成了第 2 章的编写。本书配套实验系统的软硬件由张红宾、程如岐、鞠兰、赵鹏、葛付伟、刘广伟共同设计完成。司敏山、李文燕、李艳红、赵云红、刘冰雨、郭振武、王艳芳、张维、郑胤完成了课程资源建设，审阅全书并对所有程序进行了校验。在本书的编写过程中，得到了张宪老师大力支持，提出了不少宝贵意见，在此一并致以衷心的感谢。

学习者在阅读本书的过程中，有任何疑问或是交流探讨可以发邮件到 mcu_nk@126.com。相关同行专家和老师也欢迎与作者联系，共同参与本书的研究和完善工作，对于本书存在的疏漏之处，敬请批评指正。

编者
于南开大学

目 录
CONTENTS

第1章 项目分析与项目规划

1.1 基础知识：微控制器系统概述

1.1.1 微控制器的发展

20 世纪 70 年代初微处理器（MPU，Micro Processor Unit）问世后，将具有 CPU 功能的半导体芯片嵌入到电子系统中，逐渐成为电子系统设计领域的一种现代设计方法。尤其是 20 世纪 80 年代以后，随着微控制器（MCU，Micro Controller Unit）、数字信号处理器（DSP，Digital Signal Processor）、可编程逻辑器件（PLD，Programmable Logic Device）以及相关软件等技术的飞速发展，人们对电子系统功能的要求变得愈来愈复杂和智能。

微控制器（Micro Controller Unit，简称 MCU）也被称为单片机，采用超大规模集成电路技术把具有数据处理能力的微处理器 CPU、随机存取数据存储器（RAM，Random Access Memory）、只读程序存储器（ROM，Read-Only Memory）、输入/输出电路（I/O 接口），可能还包括定时计数器、串行通信口、显示驱动电路（LCD 或 LED 驱动电路）、脉宽调制电路（PWM，Pulse Width Modulation）、模拟多路转换器及 A/D 转换器等电路，集成到一块单块芯片上，构成一个最小而完善的计算机系统。单片机有着微处理器所不具备的功能，它可单独完成现代工业控制所要求的智能化控制功能，这是单片机最大的特征。单片机控制系统实现了智能化，从根本上改变了传统的控制方法和设计思想，是控制技术的一次革命，是一座重要的里程碑。现在单片机的应用领域越来越广泛，例如通信产品、家用电器、智能仪器仪表、过程控制和专用控制装置等。

在市场上，单片机品种繁多，各具特色，主要产品有 MCS-51 系列、Motorola 公司的 68 系列、Microchip 公司的 PIC16F/18F 系列等。MCS-51 是对所有兼容 Intel 8031 指令系统的单片机的统称，起源于 Intel 的 8031 单片机，后来随着 Flash 技术的发展，成为应用最广泛的 8 位单片机之一，其代表型号是 Atmel 公司的 AT89 系列。Intel 公司将 MCS-51 的核心技术授权给了其他公司，很多公司为满足不同的需求推出了功能略有不同 MCS-51 系列的兼容机型。目前主要的生产商及型号有：

① Intel：80C31、80C51、87C51，80C32、80C52、87C52 等。

② Atmel：89C51、89C52、89C2051、89S51、89S52 等。

③ Philips、华邦、Dallas、Siemens（Infineon）等公司的许多产品。

④ 国产宏晶 STC 单片机。

其中，STC 单片机以其低功耗、廉价、稳定的性能，占据着国内 51 单片机较大市场。

1.1.2　单片机的应用领域

单片机广泛应用于仪器仪表、家用电器、医用设备、航空航天、专用设备的智能化管理及过程控制等领域，大致划分如下。

（1）在智能仪器仪表上的应用

单片机具有体积小、功耗低、控制功能强、扩展灵活、微型化和使用方便等优点，结合不同类型的传感器，可实现诸如电压、功率、频率、湿度、温度、流量、速度、厚度、角度、长度、硬度、元素、压力等物理量的测量。采用单片机控制使得仪器仪表数字化、智能化、微型化，且功能比起单纯采用模拟或数字电路更加强大，特别适用于精密的测量设备，如功率计、示波器、各种分析仪等。

（2）在工业控制中的应用

单片机可以用来构成形式多样的控制系统、数据采集系统。例如工厂流水线的智能化管理、电梯智能化控制、各种报警系统、与计算机联网构成二级控制系统等。

（3）在家用电器中的应用

现在的家用电器基本上都采用了单片机控制，从电饭煲、洗衣机、电冰箱、空调机、彩电等，无所不在。

（4）在计算机网络和通信领域中的应用

当今的通信设备基本上都实现了单片机智能控制，无论是手机、电话机、小型程控交换机、楼宇自动通信呼叫系统、列车无线通信，还是日常工作中随处可见的移动电话、集群移动通信、无线电对讲机等等。

（5）单片机在医用设备领域中的应用

单片机在医用设备中的用途也相当广泛，例如医用呼吸机、各种分析仪、监护仪、超声诊断设备及病床呼叫系统等等。

此外，单片机在工商、金融、科研、教育、国防航空航天等领域也都有着十分广泛的用途。

1.1.3　电子系统方案设计流程

单片机的应用系统由硬件和软件所组成。硬件指单片机、扩展的存储器、输入输出设备、控制设备、执行部件等组成的系统，软件是各种控制程序的总称。硬件和软件只有紧密相结合，协调一致，才能组成高性能的单片机应用系统。在系统的研制过程中，软硬件的功能总是在不断地调整，以便相互适应，相互配合，以达到最佳性能/价格比。图 1-1-1 所示为一个单片机系统方案设计的工作流程。

1.1.4　单片机的选型

面对种类繁多的单片机，在实际设计与应用时应该把握几个选型原则。

① 功能：首先是功能是否满足需要。在实际的开发中，可能会遇到特殊的需求，例如，需要两个串口，需要 IIC 总线，需要 CAN 总线，或者需要很大的程序空间，等等。不同的厂家生产了许多含有 MCS-51 内核的不同类型的单片机，或许有的正好可以满足需求，选择合适的单片机能够减少硬件扩展的麻烦。

② 性能：在实际的应用中，单片机的运行速度和抗干扰能力都是需要考虑的。

③ 价格：对于一个产品来说，价格是决定其竞争力的一个重要因素。因此，在选型时一定要注意，尽量不要选择具有许多不必要功能的单片机，那样会增加产品的成本。

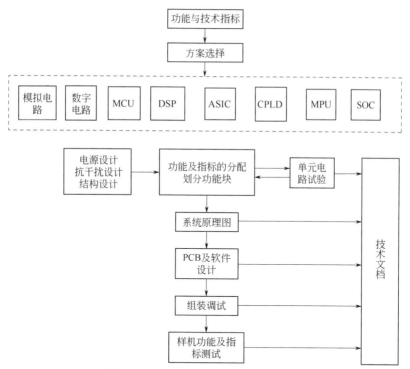

图 1-1-1 单片机系统方案设计的工作流程

④ 研发成本：研发成本是非常容易被忽略的一个因素。选择一款开发人员熟悉的单片机，将大大缩短开发周期。对一个产品而言，产品推向市场的时间往往是非常重要的，有时虽然只是稍晚了几个月，但是很可能已经很难推广了。

⑤ 系统冗余：一个系统的设计不可能尽善尽美，考虑到以后的系统优化，需要预留一定的资源。

⑥ 生产采购：有的单片机在国内很难购买，有的需要订货，这些情况在实际的生产中都造成生产周期的延长与成本的增加。选择单片机的时候，一定要选择容易购买、且有较长生命周期的产品。

1.2 项目课题：智能温室大棚环境监测终端

理论与实践相结合是学习单片机的最有效方法。本书以实际应用为背景，以工程项目的设计和实现的全过程为主线，学习者应将自己设定为一名电子系统开发人员，参与系统设计与编程工作，一步一步地完成整个电子系统设计。如果学习者能够对书中的论述进行批判性的学习，根据自己对实际应有需求的理解，发现原系统的不足之处，并有针对性地进行改进，将能达到更好的学习效果。

在智慧农业的背景下，我们以设计温室大棚监测系统为目标，展开微控制器系统设计的学习。在学习中，我们以实际应用需求为背景，从项目需求开始，将温室大棚监测系统的各个功能模块进行分解，将功能模块作为子任务，进行有针对性的学习。最终，将功能模块进行综合，形成一个完整的系统设计。

1.2.1 项目背景与意义

现代农业正在朝着智能化、精准化和集约化的方向发展。如何方便、有效地对温室农作物的生长参数进行监测和控制,如何提高农业生产的信息化水平是目前设施农业、智能农业研究的重点。国内外都进行深入细致的研究,特别是发达国家在这方面应用相当广泛。自20世纪70年代以来,国外温室农业发达国家在温室环境配套工程技术方面也进行了大量研究,并取得了一些技术成果。以荷兰为代表的欧美国家温室园艺规模大、自动化程度高、生产效率高,温室农业主体设备温室内的光、水、气、肥等均实现了智能化控制;以色列的现代化温室可根据作物对环境的不同要求,通过计算机对内部环境进行自动监测和调控,实现温室作物全天候、周年性的高效生产;美国、日本等国还推出了代表当今世界最先进水平的全封闭式生产体系,即应用人工补充光照、采用网络通信技术和视频技术进行温室坏境的远程控制与诊断、由机械人或机械手进行移栽作业的"植物工厂",大大提高了劳动生产率和产品产出率。当前,我国的温室农业发展正在朝着智能化、精准化、信息化迈进,一些研究和试验正在紧张、有序地开展。国内有关科研院所在温室环境管理系统、栽培模式、温室降温、补光、除湿和增施 CO_2 等方面也展开了卓有成效的研究工作,初步形成了具有中国特色的现代化设施农业技术体系。但是,国内温室农业整体上环境调控技术与设备落后,智能化程度不高,对于农作物的生长参数测控缺乏理论基础与量化指标。

本项目通过传感网络上的各个传感器监测温室里农作物的各种生长参数,利用传感器技术、Internet 和 GPRS 技术把监测的数据进行传输、存储、分析,把分析得到的结论性数据用于对农作物的生长环境参数进行反向控制、调节,达到测试—分析—调节—测试的闭环控制。最终实现基于经济最优的温室环境参数调控和优化,为实现温室的高效、优质、高产生产提供科学依据。

1.2.2 项目需求分析

温室环境包括非常广泛的内容,但通常所说的温室环境主要指空气与土壤的温湿度、光照等。智能温室监测系统通过各种传感器接收各类环境因素信息,通过逻辑运算和判断控制相应温室设备运作以调节温室环境。本系统主要具备以下几部分功能:

① 温湿度监测:通过温湿度传感器监测大棚室外空气环境温湿度、室内空气环境温湿度、地表温湿度、土壤温湿度等,并能对数据进行采集、分析运算、控制、存储、发送等。

② 光照度监测:通过光感和光敏传感器监测记录温室大棚内光线的强度,可以直接与相关的补光系统、遮阳系统等设备相连,必要时自动打开相关设备。通过无线传输技术将相关数据传送到用户监控终端。

③ CO_2、O_2 浓度监测:在温室大棚内部署 CO_2 浓度传感器,实时监测温室中 CO_2 的含量,当浓度超过系统设定阈值范围时,通过无线传输技术将相关数据传送到用户监控终端,由相关工作人员做出相应调整。

④ 报警控制:用户可设定某些参数指标的上限和下限。比如大棚温度应在30~15℃之间,高于或低于这个温度范围都会产生报警信息,并在上位机中控平台和现场控制节点显示出来。

⑤ 灌溉、风机、遮阳调光等控制:水灌溉、风机控制以及遮阳调光系统,根据植物生长模式,可通过自动、手动方式进行操作。

⑥ 红外安全监测:对于外来人员闯入进行检测与报警。

⑦ 远程控制:现场采集设备将采集到的数据通过有线、无线、3G/2G 无线网络传输到中控数据平台,用户从终端可以查看温室大棚现场的实时数据,并使用远程控制功能通过继电器控制设备或模拟输出模块对温室大棚自动化设备,如自动喷洒系统、自动换气系统、自动浇灌系统进行控制操作。

⑧ 监控终端:监控终端通过可视化、多媒体的人机界面实现以下主要功能:

a. 温室大棚内植物生长环境状况全面显示、查询，包括各种参数、光照强度以及历史数据等；

b. 向温室大棚内监控系统发出调度命令、调整设备运转状况，确保温室内为植物生长最适宜环境。

1.2.3 系统方案设计

1.2.3.1 系统组成

通常，能够满足上述需求的系统主要由以下三部分组成。

（1）数据管理层（监控中心）

其中，硬件主要包括工作站电脑、服务器；软件主要包括操作系统软件、数据中心软件、数据库软件、农业温室大棚智能监控管理系统软件平台（采用 B/S 结构，可以支持在广域网进行浏览查看）、防火墙软件。

（2）数据传输层（数据通信网络）

采用移动公司的 GPRS 网络传输数据，系统无需布线，构建简单、快捷、稳定。移动 GPRS 无线组网模式具有数据传输速率高、信号覆盖范围广、实时性强、安全性高、运行成本低、维护成本低等特点。

（3）数据采集层（前端硬件设备）

其中，远程测控成套设备主要包括智能监测终端；传感计量设备主要包括温湿度传感器、二氧化碳传感器、光照传感器、土壤湿度传感器、遮阳幕、湿帘风机等。

1.2.3.2 网络拓扑

系统网络拓扑结构如图 1-2-1 所示。

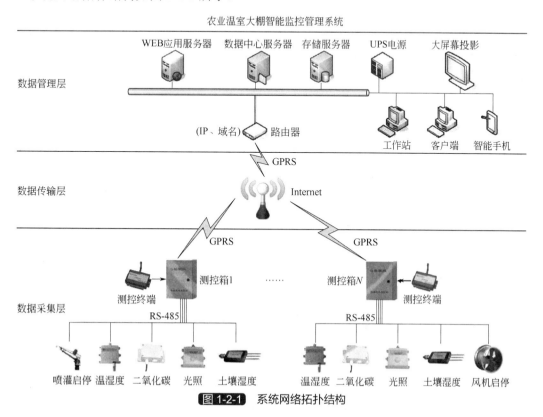

图 1-2-1 系统网络拓扑结构

1.2.3.3　系统方案的精简

为了适应初学者的学习，对智能温室大棚环境监测终端进行了简化。在传感器选择方面，仅选择了具有代表性的温湿度传感器与光照传感器；在远程监控方面，为便于实验，采用蓝牙通信代替 GPRS 通信；在执行机构方面，选择了风机模块，灌溉系统由于实验不便而放弃；在上位机方面，采用安卓智能手机作为上位机，为了简化上位机开发，采用"蓝牙串口"应用软件进行数据获取与传输。

1.2.4　智能温室大棚环境监测的终端方案设计

1.2.4.1　功能模块划分

本设计一共划分为以下 8 个功能模块。

① 人机交互模块：LCD 液晶系统状态显示；状态变化报警提示，告警状态变化，如温度突然升高或降低；系统设置按键输入。

② 安全红外检测模块：人体红外安全检测，对外来人员闯入报警。

③ 风机转速控制模块：根据采集的光照与温湿度信息，控制风机转速，保持温室内环境状态稳定。

④ 远程监控模块：利用蓝牙通信模块，实现安卓智能手机的远程监控。

⑤ 温湿度采集模块：温室大棚内温湿度值的采集。

⑥ 光照强度采集模块：温室大棚内光照值的采集。

⑦ 数据存储模块：温湿度、光照等信息的实时数据存入存储器。

⑧ 实时时钟模块：记录系统运行时间。

1.2.4.2　硬件结构

智能温室大棚环境监测终端硬件结构框图如图 1-2-2 所示。MCU 采用 MCS-51 系列兼容型单片机；人机交互模块采用 128×64 的 LCD 液晶显示模块，独立式按键输入；无线通信模块采用 HC-05 蓝牙串口模块；风机驱动模块采用 L298N 直流电机驱动；温湿度传感器采用 DHT11；光照采集采用光敏电阻；数据存储采用 IIC 存储器 AT24C02。

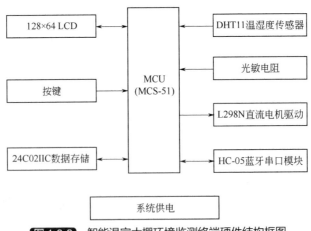

图 1-2-2　智能温室大棚环境监测终端硬件结构框图

1.2.5　知识点分析

将智能监测终端的系统功能划分为多个功能模块，每个功能模块都包含了多个知识点，从中抽取最核心的知识点作为学习的单元任务，最后将多个单元任务进行综合，就可以最终实现智能温室大棚环境监测终端的设计。温室大棚监测系统各个功能模块、核心硬件模块及知识点划分如图 1-2-3 所示。

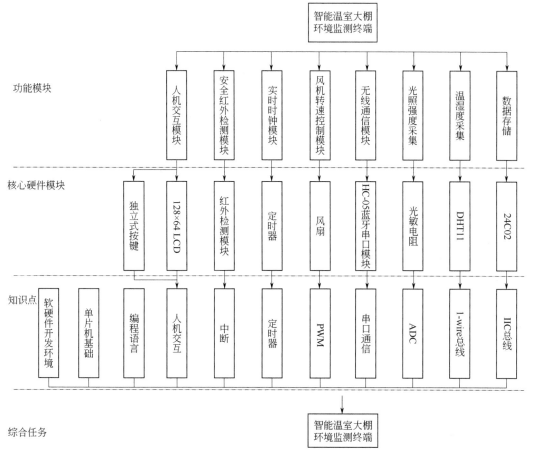

图 1-2-3 温室大棚监测系统各个功能模块、核心硬件模块及知识点结构图

第2章 准备任务

2.1 准备任务 1：单片机开发环境

★ 任务目标

① 了解单片机开发的硬件开发环境。

② 了解单片机开发的软件开发环境。

③ 掌握单片机开发的流程。

④ 结合准备子任务 1-1 "LED 闪烁"，建立单片机软硬件开发环境，并完成第一个单片机项目的开发。

2.1.1 开发板介绍

（1）开发板简介

与本书配合的开发板硬件资源如下：

① STC12C5A60S2 单片机。

② 供电系统：直流 7~12V 或 USB 5V。

③ HC-05 蓝牙串口模块。

④ DHT11 温湿度传感器。

⑤ NRF24L01 接口。

⑥ 3 个点触式按键。

⑦ 3 个 LED；蜂鸣器。

⑧ 128×64 点阵式 LCD。

⑨ 人体红外传感器接口。

⑩ 光照检查接口。

⑪ 直流电机驱动接口。

⑫ IIC 存储器。

⑬ RS-232 串口接口。

开发板的实物照片如图 2-1-1 所示。

（2）功能原理图及相关外设模块

① MCU 模块，如图 2-1-2 所示。

② 电源模块，如图 2-1-3 所示。

③ 按键与 LED 接口，如图 2-1-4 所示。

图 2-1-1 开发板实物图

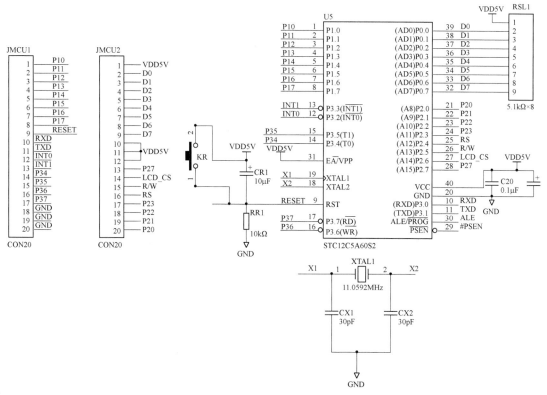

图 2-1-2 开发板-单片机部分原理图

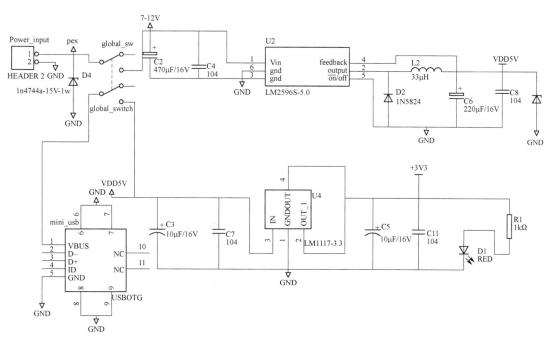

图 2-1-3 开发板-电源部分原理图

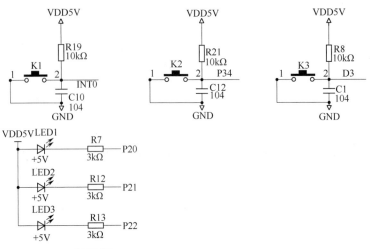

图 2-1-4 开发板-按键及 LED 接口部分原理图

④ LCD 接口，如图 2-1-5 所示。

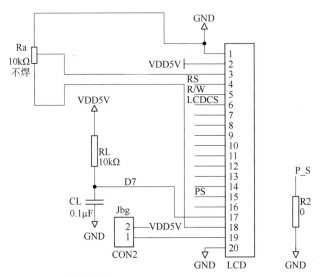

图 2-1-5 开发板-LCD 接口部分原理图

⑤ 蜂鸣器接口，如图 2-1-6 所示。

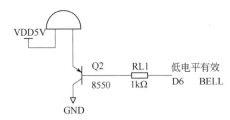

图 2-1-6 开发板-蜂鸣器接口部分原理图

⑥ 电机驱动接口，如图 2-1-7 所示。

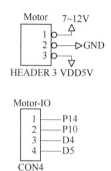

图 2-1-7 开发板-电机驱动接口部分原理图

⑦ 串口接口，如图 2-1-8 所示。

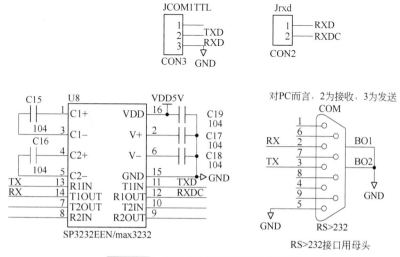

图 2-1-8 开发板-串口接口部分原理图

⑧ 蓝牙模块接口，如图 2-1-9 所示。

⑨ NRF24L01 无线模块接口，如图 2-1-10 所示。

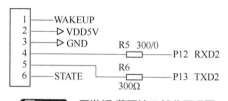

图 2-1-9 开发板-蓝牙接口部分原理图

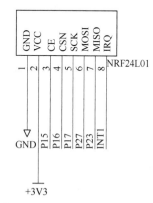

图 2-1-10 开发板-NRF24L01 天线模块接口部分原理图

⑩ 光照检测接口，如图 2-1-11 所示。

⑪ DHT11 温湿度传感器接口，如图 2-1-12 所示。

⑫ IIC 传感器，如图 2-1-13 所示。

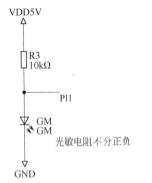

图 2-1-11 开发板-光照检测接口部分原理图

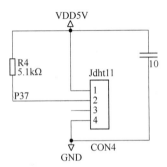

图 2-1-12 开发板-DHT11 温湿度传感器接口原理图

⑬ 人体红外检测接口，如图 2-1-14 所示。

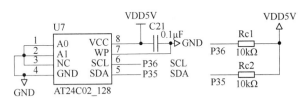

图 2-1-13 开发板-IIC 传感器原理图

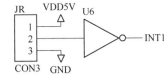

图 2-1-14 开发板-人体红外检测接口原理图

2.1.2 软件开发环境

（1）Keil μVision 集成开发环境

Keil Software 是一家业界领先的微控制器软件开发工具的独立供应商，制造和销售种类广泛的开发工具，包括 ANSI C 编译器、宏汇编程序、调试器、连接器、库管理器、固件和实时操作系统核心（Real-time Kernel）。

Keil C51 提供了包括 C 编译器、宏汇编、连接器、库管理和一个功能强大的仿真调试器等在内的完整开发方案，通过一个集成开发环境（μVision）将这些部分组合在一起。Keil C51 标准 C 编译器为 8051 的软件开发提供了 C 语言环境，同时保留了汇编代码高效、快速的特点。Keil μVision 调试器准确地模拟 MCS-51 设备的片上外围设备（IIC、CAN、UART、SPI、中断、I/O 端口、A/D 转换器、D/A 转换器和 PWM 模块），使开发者可以在没有目标设备的情况下使用模拟器编写和测试应用程序。

（2）Proteus 硬件仿真软件

Proteus 是英国 Labcenter Electronics 公司研发的多功能 EDA 软件，具有功能很强的智能原理图输入系统（ISIS，Intelligent Schematic Input System），有非常友好的人机互动窗口界面，有丰富的操作菜单与工具。在 ISIS 编辑区中，能方便地完成单片机系统的硬件设计、软件设计、单片机源代码级调试与仿真。Proteus 同时支持第三方的软件编译和调试环境，如 Keil C51 等软件。

Proteus 软件有三十多个元器件库，拥有数千种元器件仿真模型，而且拥有形象生动的动态器件库、外设库。特别是有从 8051 系列 8 位单片机直至 ARM7 32 位单片机的多种单片机类型库。支持的单片机类型有：68000 系列、8051 系列、AVR 系列、PIC12 系列、PIC16 系列、PIC18 系列、Z80 系列、HC11 系列以及各种外围芯片。

此外，Proteus 软件有多达十余种的信号激励源、十余种虚拟仪器（如示波器、逻辑分析仪、信号发生器等）；可以提供软件调试功能，即具有模拟电路仿真、数字电路仿真、单片机及其外围电路组成的系统的仿真、RS-232 接口动态仿真、IIC 调试器、SPI 调试器、键盘和

LCD 系统仿真的功能；还有用来精确测量与分析的 Proteus 高级图表仿真（ASF，Advanced Simulation Feature）。它们构成了单片机系统设计与仿真的完整的虚拟实验室。

（3）ISP 下载软件

STC-ISP 是一款针对 STC 系列单片机而设计的单片机下载编程软件，可下载 STC89 系列、12C2052 系列和 12C5410 等系列的 STC 单片机，使用简便。目前最新版本是 STC-ISP-V6.85。

2.1.3 准备子任务 1-1：LED 闪烁

（1）子任务功能

准备子任务是一个简单的流水灯实验。这个实验需要利用开发板上的 LED1、LED2、LED3 实现三个 LED 依次闪烁。闪烁时间间隔为 500ms。

（2）硬件资源及 I/O 分配

开发板中有关 LED 部分的原理图如图 2-1-15 所示。引脚分配如表 2-1-1 所示。

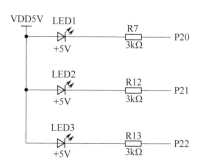

图 2-1-15 开发板中有关 LED 部分的电路原理图

表 2-1-1 LED 模块单片机的引脚分配

器件	器件引脚	单片机引脚	功能
LED	LED1	P2.0	控制 LED1 的亮灭
LED	LED2	P2.1	控制 LED2 的亮灭
LED	LED3	P2.2	控制 LED3 的亮灭

（3）软件流程分析

根据任务功能需求，绘制 LED 闪烁功能的工作流程图，如图 2-1-16 所示。

（4）程序设计

① STC 器件库安装　由于 STC 系列单片机是新开发的芯片，一般情况下在 Keil 设备库中没有 STC 系列单片机。在编辑、编译 STC 系列单片机应用程序时，可选用任何厂家的 51 或 52 系列单片机，再用汇编或 C 语言对 STC 系列单片机新增特殊功能寄存器进行定义。也可以通过 STC-ISP 下载编程工具将 STC 型号 MCU 添加到 Keil 的设备库中。

如果需在 Keil 的设备库中增加 STC 型号 MCU，则可按如下步骤进行设置：

a．打开 STC-ISP 下载编程工具的最新软件 STC-ISP-V6.85，选择"Keil 仿真设置"页面，单击该页面中的【添加型号和头文件到 Keil 中】按钮。如图 2-1-17 所示。

b．在弹出的"浏览文件夹"对话框中选择 Keil 安装目录（一般可能为"C:\Keil"），然后单击【确定】，这样就将 STC 型号的 MCU 成功添加到 Keil 设备库中了，如图 2-1-18 所示。

② 创建工程　下面以 Keil μVision4 为例，详细介绍如何使用 Keil μVision4 开发、编译、调试用户程序。

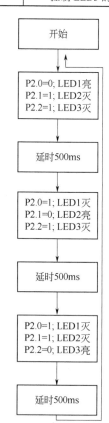

图 2-1-16 LED 闪烁功能的工作流程图

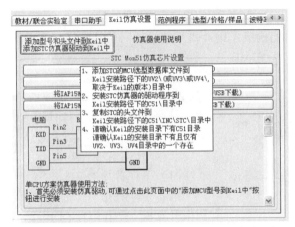

图 2-1-17 通过 STC-ISP 下载编程工具将 STC 型号 MCU 添加到 Keil 的设备库中

图 2-1-18 成功添加 STC 型号的 MCU 到 Keil 设备库中

a. 启动 Keil μVision4，进入 Keil μVision4 的主编辑界面，如图 2-1-19 所示。

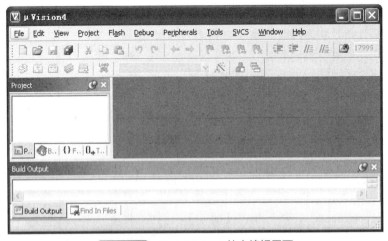

图 2-1-19 Keil μVision4 的主编辑界面

b. 建立一个新工程，单击"Project"菜单，在弹出的下拉菜单中选中"New μVision Project"选项。如图 2-1-20 所示。

图 2-1-20 选中"New μVision Project"建立新工程

c．在弹出的对话框中选择新项目要保存的路径和文件名，例如：保存路径为"E:\C51\LED"，项目名为"LED"，单击【保存】即可。Keil μVision4 的项目文件扩展名为（.uvproj）。如图 2-1-21 所示。

图 2-1-21 选择新项目保存的路径和文件名

d．因之前已经通过 STC-ISP 下载编程工具将 STC 型号 MCU 添加到 Keil μVision4 的设备库中，所以在上一步【保存】之后会弹出"Select a CPU Data Base File（选择设备数据库）"的对话框，如图 2-1-22 所示。该"Select a CPU Data Base File"的对话框中有"Generic CPU Data Base（通用 CPU 数据库）"和"STC MCU Database（STC MCU 数据库）"两个选项。

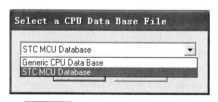

图 2-1-22 选择设备数据库对话框

如用户所使用的单片机是 STC 系列单片机，则在这里选择"STC MCU Database"，单击【OK】按钮确定。

e．在上一步"选择设备数据库"后会弹出"Select Device for Target（选择所需器件）"对话框，如图 2-1-23 所示。因上一步中选择了"STC MCU Database"，所以这里的 MCU 型号都是 STC 型号，用户可在左侧的数据列表（Data base）选择自己所使用的具体单片机型号。

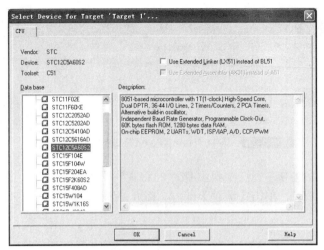

图 2-1-23 选择所需器件对话框

f. 选择好单片机型号并确定后，会出现图 2-1-24 所示对话框，询问是否将标准 51 初始化程序（STARTUP.A51）加入到项目中。选择【是】按钮，程序会自动复制标准 51 初始化程序到项目所在目录并将其加入项目中。一般情况下，选择【否】按钮。

图 2-1-24 询问是否将标准 51 初始化程序加入项目对话框

g. 项目建好后就可以开始编写程序了，选择"File"菜单，在下拉菜单中单击"New"选项如图 2-1-25 所示。新建文件后界面如图 2-1-26 所示。

图 2-1-25 在项目下新建文件

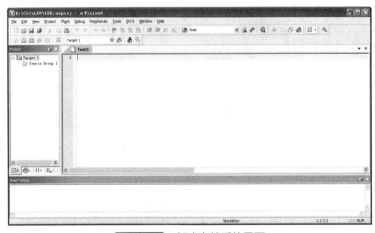

图 2-1-26 新建文件后的界面

此时光标在编辑窗口里闪烁，这时可以键入用户编写的应用程序了。输入程序后单击菜单上的"File"，在下拉菜单中选中"Save As"选项单击，弹出如图 2-1-27 所示的界面，在"文件名"栏右侧的编辑框中，键入欲使用的文件名，同时必须键入正确的扩展名。注意，如果用 C 语言编写程序，则扩展名为（.C）；如果用汇编语言编写程序，则扩展名必须为（.ASM），扩展名不分大小写。然后，单击【保存】按钮。

图 2-1-27　保存文件界面

h. 将应用程序添加到工程中。单击"Target 1"前面的"+"号，展开后出现"Source Group 1"文件夹，在该文件夹上单击右键，弹出下拉菜单界面如图 2-1-28 所示。

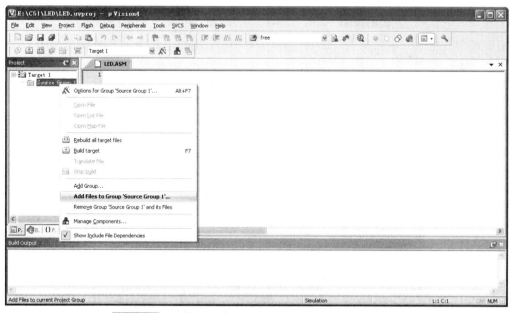

图 2-1-28　右键单击"Source Group 1"弹出下拉菜单界面

然后单击"Add Files to Group 'Source Group 1'"，弹出添加文件对话框，将文件类型选择为"Asm Source file"。选中文件"LED.asm"，单击【Add】按钮，将该文件添加至工程。如图 2-1-29 所示。

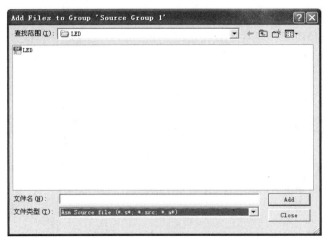

图 2-1-29　将文件添加至工程界面

i. 环境设置：如图 2-1-30 所示，在"Target 1"上单击右键选择"Options for Target 'Target 1'"或选择菜单命令"Project→Options for Target 'Target 1'"，弹出"Options for Target 'Target 1'"对话框。

图 2-1-30　选择"Options for Target 'Target 1'"界面

使用"Options for Target 'Target 1'"对话框设定目标的硬件环境，如图 2-1-31 所示。

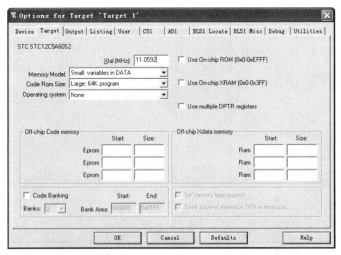

图 2-1-31　"Options for Target 'Target 1'"对话框

"Options for Target 'Target1'"对话框有多个选项，用于设备（Device）选择、目标（Target）属性、输出（Output）属性、C51 编译器属性、A51 编译器属性、BL51 连接器属性、调试（Debug）属性等信息的设置，一般情况下按缺省设置。

需要注意的是，一定要设置在编译、连接程序时自动生成机器代码文件（.HEX），因为默认是不输出 HEX 代码的，所以需用户手动设置。单击"Output"选项页，在弹出的 Output 对话框中勾选"Create HEX File"选项，如图 2-1-32 所示，使程序编译后产生 HEX 代码文件（默认文件名为项目文件名，也可以在"Name of Executable"信息框中输入 HEX 文件的文件名），单击【确定】按钮结束设置。

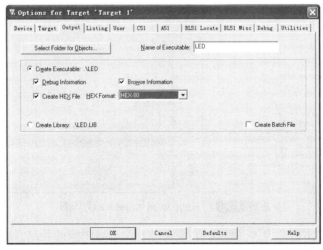

图 2-1-32 设置在编译、连接程序时自动生成机器代码文件（.HEX）的示意图

③ 代码输入　创建完工程以后，可以进行软件编程。在 LED.asm 文件中输入代码：

```
        ORG 0000H
        AJMP    MAIN
        ORG 0030H
MAIN:   CLR P2.0                    ;LED1 亮
        SETB    P2.1                ;LED2 灭
        SETB    P2.2                ;LED3 灭
        ACALL   DELAY500MS ;延时 500ms
        SETB    P2.0                ;LED1 灭
        CLR P2.1                    ;LED2 亮
        SETB    P2.2                ;LED3 灭
        ACALL   DELAY500MS;延时 500ms
        SETB    P2.0                ;LED 灭
        SETB    P2.1                ;LED2 灭
        CLR P2.2                    ;LED3 亮
        ACALL   DELAY500MS ;延时 500ms
        AJMP    MAIN
DELAY500MS:                         ;@11.0592MHz，延时 500ms
        MOV 30H, #17
        MOV 31H, #208
        MOV 32H, #23
NEXT:   DJNZ    32H, NEXT
        DJNZ    31H, NEXT
        DJNZ    30H, NEXT
        RET
        END
```

④ 程序编译与调试　在程序编写完成后，需要进行编译与调试。

a. 程序编译。单击"Project"菜单，在弹出的下拉菜单中选择"Rebuild all target files"选项。如图 2-1-33 所示。

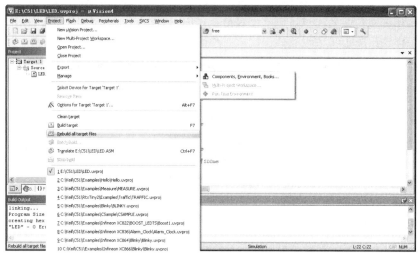

图 2-1-33　"Rebuild all target files"界面

可以看到输出显示信息为 0 错误、0 警告时，说明程序编译通过，可以进入程序调试。如图 2-1-34 所示。

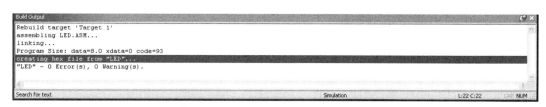

图 2-1-34　"Build Output"输出信息界面

b. 程序调试。单击"Debug"菜单，在弹出的下拉菜单中选择"Start/Stop Debug Session"选项，进入调试模式，界面如图 2-1-35 所示。

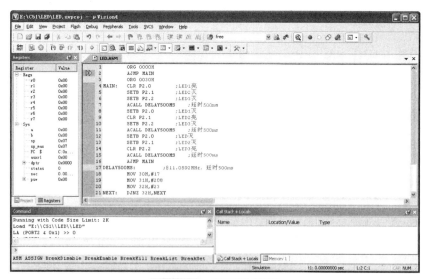

图 2-1-35　程序调试界面

c. 单击"Peripherals"菜单，弹出下拉菜单有多种选项，"Interrupt"选项可以观察中断系统状态，"I/O-Ports"选项可以观察 I/O 端口的状态，"Serial"选项可以观察串口的工作状态，"Timer"可以观察定时器的工作状态，"Clock Control"可以观察时钟控制的信息。在本例中，主要观察 I/O 端口中 P2 端口的状态信息，则单击"I/O-Ports"选项，在弹出的菜单中选择"Port2"选项，如图 2-1-36 所示。

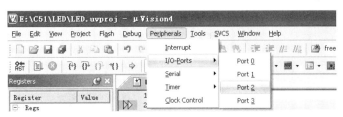

图 2-1-36 在"Peripherals"菜单选择 P2 端口界面

此时弹出 P2 端口的观察窗口"Parallel Port 2"，如图 2-1-37 所示。窗口中，对号表示高电平，空白表示低电平。

d. 单步调试。单击"Debug"菜单，弹出下拉菜单，如图 2-1-38 所示。

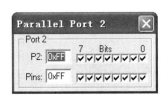

图 2-1-37 在"Peripherals"菜单选择 P2 端口界面

图 2-1-38 在"Debug"下拉菜单中选择"Step Over"选项

"Debug"下拉菜单中每一项指令的功能如表 2-1-2 所示。

表 2-1-2 "Debug"下拉菜单下的指令功能

指令	功能
Run	全速运行
Stop	停止
Step	单步跟踪，深入到子函数内部
Step Over	单步执行，将子函数视为一条指令
Step Out	将子函数运行完后跳出子函数
Run to Cursor Line	运行到光标行

本例中，选择"Step Over"进行单步调试，可以观察到 P2 口的不同状态，如图 2-1-39 所示。

e. 虚拟逻辑分析仪的使用。利用 Keil 软件中的"Logic Analyzer"分析工具进行仿真，可以更直观地观察端口的变化情况。单击"View"菜单，在下拉菜单中选择"Symbol Window"选项，可以查看虚拟寄存器的情况。可以看到，LED 连接的 P2 端口的虚拟寄存器名称为PORT2，如图 2-1-40 所示。

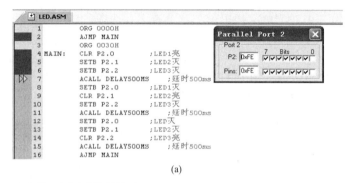

(a)

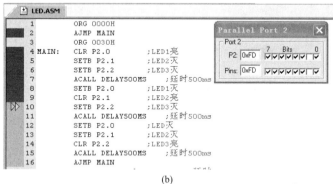

(b)

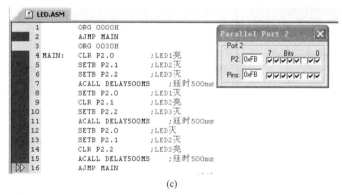

(c)

图 2-1-39 对 LED 程序进行单步调试下得到 P2 端口的不同显示结果

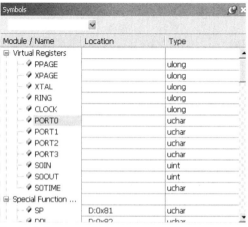

图 2-1-40 通过 "Symbol Window" 选项查看 P2 端口的虚拟寄存器

单击"View"菜单，在弹出的下拉菜单中选择"Analysis Windows"选项，然后在弹出的选项中选择"Logic Analyzer"，打开虚拟逻辑分析仪，如图 2-1-41 所示。

图 2-1-41　在"View"菜单下"Analysis Windows"选项中选择虚拟逻辑分析仪

通过虚拟逻辑分析仪可以看到观察窗口，如图 2-1-42 所示。

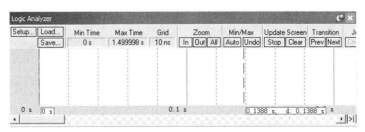

图 2-1-42　虚拟逻辑分析仪的观察窗口

单击"Logic Analyzer"中"Setup"选项，设置观察的引脚。单击窗口右上角的 🔲 键，可以对引脚进行添加。首先，输入"PORT2.0"，不区分大小写，如图 2-1-43 所示。

在图 2-1-43 中，在信号类型"Display Type"的下拉菜单中，选择信号类型为"Bit"，如图 2-1-44 所示。

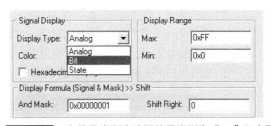

图 2-1-43　虚拟逻辑分析仪的观察窗口　　图 2-1-44　在信号类型中选择信号类型为"Bit"示意图

这样就成功添加了引脚 P2.0。按照同样的方法，可以添加引脚 P2.1、P2.2。

引脚添加完毕以后，单击"Debug"菜单，在下拉菜单中选择"Run"连续运行，在"Logic Analyzer"窗口可以看到信号的高低电平变化。为了更方便的观察信号，可以在程序运行一段时间后，单击"Stop"，停止运行程序。通过"Zoom"选项，可以选择需要观察信号的区域，如图 2-1-45 所示。

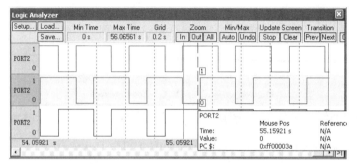

图 2-1-45　在虚拟逻辑分析仪中观察三个引脚的信号

通过观察图 2-1-45，可以看到，引脚 P2.0、P2.1、P2.2 依次出现低电平，这个输出结果符合程序设计的要求。

⑤ Proteus 硬件仿真调试及结果　在程序通过编译与调试以后，可以利用 Proteus 仿真软件，对程序功能进行仿真调试。

a. 创建新工程。启动 Proteus 仿真软件，进入主界面，如图 2-1-46 所示。

图 2-1-46　Proteus 软件主界面

单击"File"菜单，在弹出的下拉菜单中选择"New Project"选项，或者单击主界面中"Start"功能区中"New Project"，创建新仿真工程。此时弹出对话框，设置工程名与保存路径，如图 2-1-47 所示。本例中，新仿真工程命名为"LED.pdsprj"，保存路径与原 Keil 工程保存路径相同，为"E:/C51/LED"。用户可根据自己的情况进行调整。

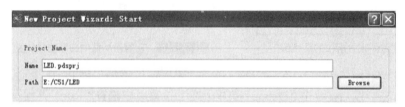

图 2-1-47　在 Proteus 软件中创建新工程

设置完成后，单击【Next】按键，进入新工程原理图设计向导界面，选择"Create a schematic from the selected template"，即从选定的模板中创建一个原理图，如图 2-1-48 所示。

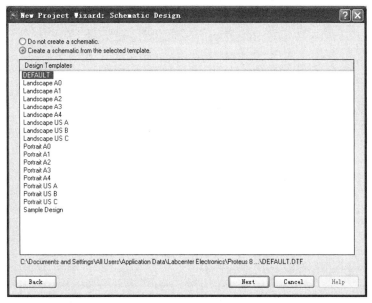

图 2-1-48 在新工程原理图设计向导界面中选择创建一个原理图

单击【Next】进行下一步，选择"Do not create a PCB layout"，即选择不创建 PCB 图。再单击【Next】进行下一步，选择"No Fireware Project"。再单击【Next】进行下一步，单击【Finish】，原理图仿真工程创建完毕，如图 2-1-49 所示。

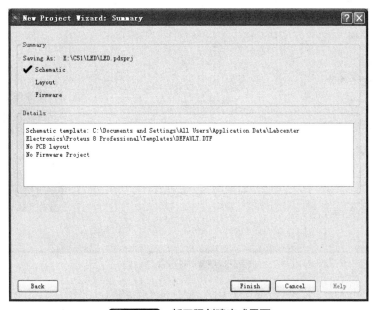

图 2-1-49 新工程创建完成界面

b. 创建仿真原理图。启动 Proteus 8 Professional 软件，弹出 ISIS 主界面，如图 2-1-50 所示。

首先进行元件的选择，把元件添加到元件列表中。单击元件选择按钮"P"（Pick），弹出元件选择窗口，如图 2-1-51 所示。

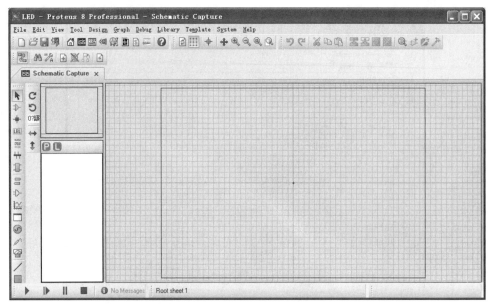

图 2-1-50　Proteus 8 Professional 原理图主界面

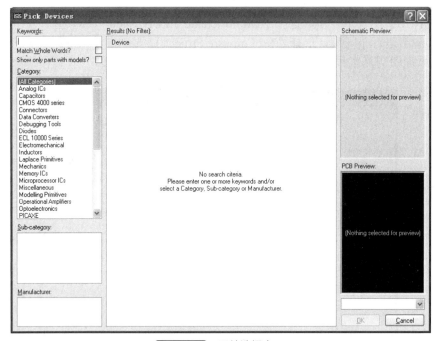

图 2-1-51　元件选择窗口

在左上角的对话框"Keywords"中输入需要的元件名称，如图 2-1-52 所示。

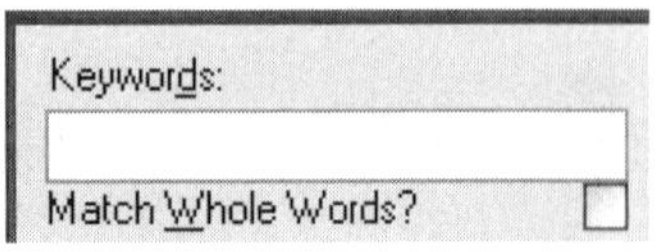

由于 Proteus 软件不支持 STC 系列的单片机仿真，因此选择兼容型号 AT89C52。此外，还需要电阻（Resistors）、发光二极管（LED-YELLOW）。输入的名称是元件的英文名称，但不必要输入完整的名称，输入相应关键字就能找到对应的元件，如图 2-1-53 所示，在对话框中输入"89C52"，得到以下结果。

图 2-1-52　输入关键词选择元件对话框

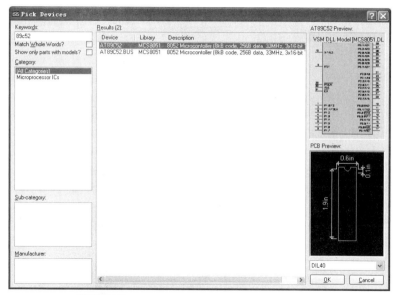

図 2-1-53 输入关键词"89C52"选择元件示意图

在出现的搜索结果中双击需要的元件，该元件便会添加到主窗口左侧的元件列表区。同理，输入"RES"，选择电阻；输入"LED"，在列表中选择"LED-YELLOW"。这样，AT89C52、电阻、黄色 LED 都被添加到主窗口左侧的元件列表区当中。

c．绘制电路图。在元件列表区单击选中 AT89C52，把鼠标移到右侧编辑窗口中，鼠标变成铅笔形状，单击左键，框中出现一个 AT89C52 原理图的轮廓图，可以移动。鼠标移到合适的位置后，按下鼠标左键，原理图放好了。按照这个方法，依次将各个元件放置到绘图编辑窗口的合适位置，如图 2-1-54 所示。

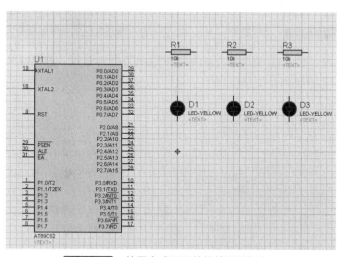

図 2-1-54 放置完成元器件的绘图编辑窗口

滚动鼠标滚轮便可对电路视图进行放大/缩小，视图会以鼠标指针为中心进行放大/缩小；绘图编辑窗口没有滚动条，只能通过预览窗口来调节绘图编辑窗口的可视范围。在预览窗口中移动绿色方框的位置即可改变绘图编辑窗口的可视范围。

为了方便原理图设计，需要调整电阻的方向。比如，在电阻 R1 处，单击鼠标右键，如图 2-1-55 所示。

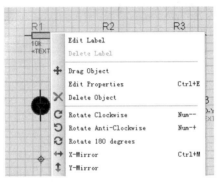

図 2-1-55 在电阻 R1 上单击鼠标右键所得下拉菜单

选择 "Rotate Clockwise"，便可将 R1 顺时针旋转。同理，将 R2、R3 均旋转为垂直方向，如图 2-1-56 所示。

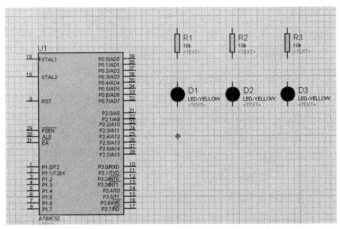

图 2-1-56 将电阻 R1、R2、R3 进行顺时针旋转后的绘图编辑窗口

接下来添加电源。选择模型选择工具栏中的 🖳 图标，选择 "POWER（电源）"，添加至绘图区，如图 2-1-57 所示。

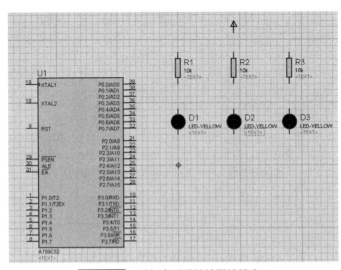

图 2-1-57 添加电源后的绘图编辑窗口

下面进行连线。将鼠标指针靠近元件的一端，当鼠标的铅笔形状变为绿色时，表示可以连线了，单击该点，再将鼠标移至另一元件的一端，单击，两点间的线路就画好了。依次连接好所有线路（因为 Proteus 软件中单片机已默认提供源，所以不用给单片机添加电源）。连线完毕后的绘图编辑窗口如图 2-1-58 所示。

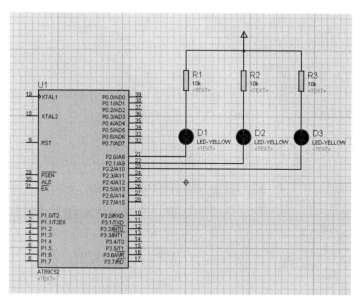

图 2-1-58　连线完毕后的绘图编辑窗口

下面，需要编辑元件，设置各元件参数。双击元件，会弹出编辑元件的对话框。因为发光二极管点亮电流大小为 10mA 左右，限流电阻设为 200Ω，阴极接单片机的 I/O，阳极接高电平，设置完成的电阻参数对话框如图 2-1-59 所示。

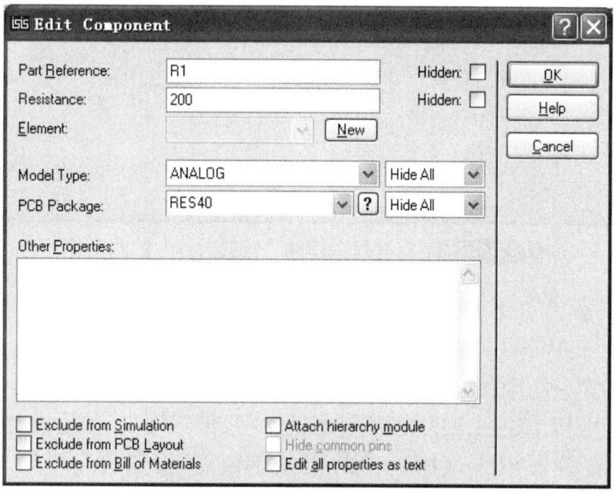

图 2-1-59　电阻参数设置对话框

双击单片机 AT89C52，弹出设置窗口，如图 2-1-60 所示。
单击图 2-1-60 中 "Program File" 后面的图标，选择要执行的程序，单击【打开】导入编好的程序 "LED.hex"，如图 2-1-61 所示。

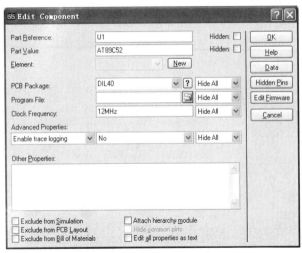

图 2-1-60　单片机参数设置对话框

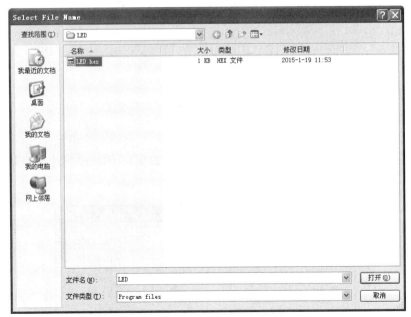

图 2-1-61　打开导入程序"LED.hex"的对话框

　　d. 仿真调试。在窗口左下方有仿真控制按钮。▶表示运行，▶表示单步运行，‖表示暂停，■表示停止。单击运行按钮，程序开始执行，LED 依次点亮。在运行时，电路中输出的高电平用红色表示，低电平用蓝色表示，如图 2-1-62 所示。

　　在仿真过程中，可以看到 LED 交替闪烁的频率非常慢，不是设计要求的 500ms。产生这样问题的原因是：在开发板中使用的单片机是单时钟/机器周期（1T）的 STC12C5A60S2，指令代码完全兼容传统 8051，但速度快 12 倍。而在 Proteus 仿真时，Proteus 器件库中没有 STC12C5A60S2，只能采用传统单片机 AT89C52 代替，因此在延时程序上消耗时间相差比较大。

　　⑥ 程序下载　将开发板与 PC 机用串口线连接后，打开下载软件 STC-ISP，如图 2-1-63 所示。

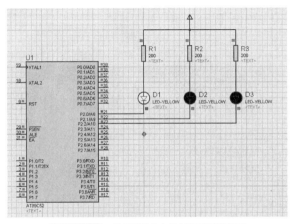

图 2-1-62　仿真调试中的绘画编辑窗口

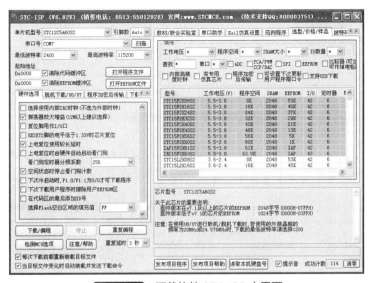

图 2-1-63　下载软件 STC-ISP 主界面

单片机型号选择 STC12C5A60S2，串口号根据实际所使用的串口进行选择，通常为"COM1"。单击"打开程序文件"，选择将要下载的程序，程序后缀为".hex"，如图 2-1-64 所示。

图 2-1-64　打开程序代码文件界面

选择好程序后，单击主界面【下载/编程】即可进行下载。此时窗口显示信息如图 2-1-65 所示。

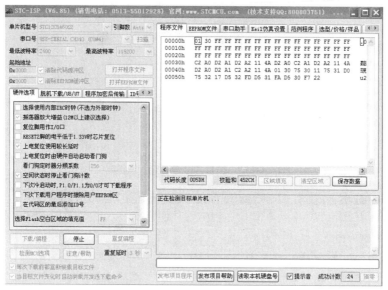

图 2-1-65　下载/编程窗口显示信息

此时需要对开发板进行复位，按下复位开关或者电源键，此时窗口信息如图 2-1-66 所示，表示程序下载完毕。此时可以看到程序在开发板的运行效果。

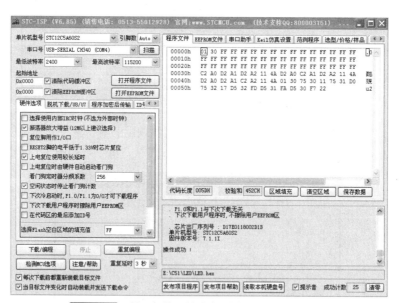

图 2-1-66　按下复位开关或电源键后显示的窗口信息

2.2 准备任务 2：MCS-51 单片机组成原理

★ **任务目标：**
① 学习 MCS-51 单片机组成结构。
② 了解 MCS-51 单片机基本指令时序。

2.2.1 MCS-51 单片机组成结构

MCS-51 单片机是美国 Intel 公司于 1980 年推出的产品，一直到现在，MCS-51 系列或其兼容的单片机仍是应用的主流产品。

2.2.1.1 内部结构

MCS-51 单片机基本功能部件主要包括下列几个部分。

① 中央处理器 CPU：整个单片机的核心部件，能处理 8 位二进制数据或代码，CPU 负责控制、指挥和调度整个单元系统协调工作，完成运算和控制输入输出功能等操作。

② 数据存储器 RAM：内部有统一编址的 128 字节用户数据存储单元和 128 字节专用寄存器单元。

③ 程序存储器 ROM：4K 字节掩膜 ROM，用于存放用户程序、原始数据或表格。

④ 定时/计数器：两个 16 位的可编程定时/计数器，以实现定时或计数。

⑤ 并行输入输出口 I/O：4 组 8 位 I/O 口（P0、P1、P2、P3），用于外部数据的传输。

⑥ 全双工串行口：一个全双工异步串行通信口，用于与其他设备间的串行数据传送。

⑦ 中断系统：有 2 个中断优先级，5 个中断源可满足不同的控制要求。

MCS-51 单片机的结构图如图 2-2-1 所示。

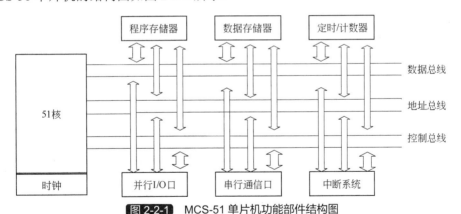

图 2-2-1 MCS-51 单片机功能部件结构图

2.2.1.2 引脚功能

MCS-51 单片机具有多种封装形式，其中最常见的是采用 40 引脚的双列直插封装方式（DIP，Dual Inline-pin Package）。图 2-2-2 为引脚排列图。

具体说明一下各个引脚功能：

（1）电源引脚 VSS 和 VCC

① VSS 接地。

② VCC 正常操作时需要+5V 电源供电。

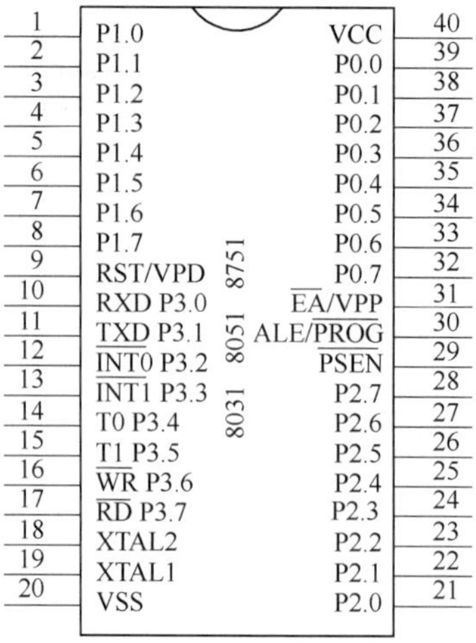

图 2-2-2 MCS-51 的 DIP 封装引脚排列图

（2）外接晶振引脚 XTAL1 和 XTAL2

① XTAL1 是内部振荡电路反相放大器的输入端，是外接晶体的一个引脚。当采用外部振荡器时，此引脚接地。

② XTAL2 是内部振荡电路反相放大器的输出端，是外接晶体的另一端。当采用外部振荡器时，此引脚接外部振荡源。

（3）控制或与其他电源复用引脚 RST、ALE/$\overline{PROG}$、$\overline{PSEN}$ 和 $\overline{EA}$/VPP

① RST：当振荡器运行时，在此引脚上出现两个机器周期的高电平（由低到高跳变），将使单片机复位。

② ALE/$\overline{PROG}$：正常操作时为 ALE 功能（允许地址锁存）提供把地址的低字节锁存到

外部锁存器，ALE 引脚以不变的频率（振荡器频率的 1/6）周期性地发出正脉冲信号。因此，它可用作对外输出的时钟，或用于定时目的。但要注意，每当访问外部数据存储器时，将跳过一个 ALE 脉冲，ALE 端可以驱动（吸收或输出电流）八个 TTL 电路。对于 EPROM 型单片机，在 EPROM 编程期间，此引脚接收编程脉冲（$\overline{PROG}$ 功能）。

③ $\overline{PSEN}$：外部程序存储器读选通信号输出端，在从外部程序存储取指令（或数据）期间，$\overline{PSEN}$ 在每个机器周期内两次有效。$\overline{PSEN}$ 同样可以驱动八个 TTL 输入。

④ $\overline{EA}$/VPP：内部程序存储器和外部程序存储器选择端。当 $\overline{EA}$/VPP 为高电平时，访问内部程序存储器，当 $\overline{EA}$/VPP 为低电平时，则访问外部程序存储器。当需要对单片机编程时，该引脚用于输入编程允许电压。

（4）输入/输出引脚 P0.0～P0.7，P1.0～P1.7，P2.0～P2.7，P3.0～P3.7

① P0 口（P0.0~P0.7）是一个 8 位漏极开路型双向 I/O 口，在访问外部存储器时，它是分时传送的低字节地址和数据总线，P0 口能以吸收电流的方式驱动八个 TTL 负载。

② P1 口（P1.0~P1.7）是一个带有内部上拉电阻的 8 位准双向 I/O 口，能驱动（吸收或输出电流）四个 TTL 负载。

③ P2 口（P2.0~P2.7）是一个带有内部上拉电阻的 8 位准双向 I/O 口，在访问外部存储器时，它输出高 8 位地址。P2 口可以驱动（吸收或输出电流）四个 TTL 负载。

④ P3 口（P3.0~P3.7）是一个带有内部上拉电阻的 8 位准双向 I/O 口，能驱动（吸收或输出电流）四个 TTL 负载。P3 口还具有第二功能，参看表 2-2-1。

端口功能	第二功能	第二功能说明
P3.0	RXD	串行输入（数据接收）口
P3.1	TXD	串行输出（数据发送）口
P3.2	$\overline{\text{INT0}}$	外部中断 0 输入线
P3.3	$\overline{\text{INT1}}$	外部中断 1 输入线
P3.4	T0	定时器 0 外部输入
P3.5	T1	定时器 1 外部输入
P3.6	$\overline{\text{WR}}$	外部数据存储器写选通信号输出
P3.7	$\overline{\text{RD}}$	外部数据存储器读选通信号输入

表 2-2-1 P3 口的第二功能

2.2.1.3 单片机的存储器结构

MCS-51 存储器结构与常见的微型计算机的配置方式不同，它把程序存储器和数据存储器分开，各有寻址系统，控制信号和功能。程序存储器用来存放程序，如所编程序经汇编后的机器码。数据存储器通常用来存放程序运行中所需要的常数或变量，如做加法时的加数和被加数、做乘法时的乘数和被乘数、模/数转换时实时记录的数据等。

MCS-51 的存储器可分为三类：程序存储器、数据存储器、特殊功能寄存器。单片机的内部存储空间如图 2-2-3 所示。

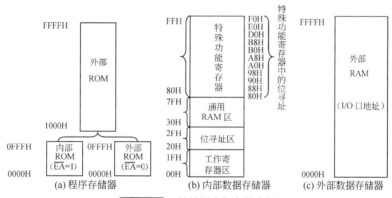

图 2-2-3 单片机内部存储空间

（1）程序存储器

MCS-51 具有 64KB 程序存储器寻址空间，用于存放用户程序、数据和表格等信息。对于内部无 ROM 的 MCS-51 单片机，它的程序存储器必须外接，此时单片机的 $\overline{\text{EA}}$ 端必须接地，强制 CPU 从外部程序存储器读取程序。对于内部有 ROM 的 MCS-51 等单片机，正常运行时，$\overline{\text{EA}}$ 则需接高电平，使 CPU 先从内部的程序存储中读取程序。程序存储中有些特殊的单元，这在使用中应加以注意：

其中一组特殊是 0000H~0002H 单元，系统复位后，PC 为 0000H，单片机从 0000H 单元开始执行程序，如果程序不是从 0000H 单元开始，则应在这三个单元中存放一条无条件转移指令，让 CPU 直接去执行用户指定的程序。

另一组特殊单元是 0003H~0032H，作为中断入口地址定义如表 2-2-2 所示。

表 2-2-2	中断入口地址
地址空间	中断源
0003H~000AH	外部中断 0 中断
000BH~0012H	定时/计数器 0 中断
0013H~001AH	外部中断 1 中断
001BH~0022H	定时/计数器 1 中断
0023H~002AH	串行中断

以上单元是专门用于存放中断处理程序的地址单元。中断响应后，按中断的类型，自动转到各自的中断区去执行程序。因此以上地址单元不能用于存放程序的其他内容，只能存放中断服务程序。但是每段只有 8 个地址单元是不能存下完整的中断服务程序的，因而一般也在中断响应的地址区安放一条无条件转移指令，指向程序存储器的其他真正存放中断服务程序的空间去执行，这样中断响应后，CPU 读到这条转移指令，便转向其他地方去继续执行中断服务程序。

（2）数据存储器

数据存储器也称为随机存取数据存储器。MCS-51 的数据存储器结构在物理上和逻辑上都分为两个地址空间：一个内部数据存储区和一个外部数据存储区。

① 内部数据存储区　单片机内部 RAM 用于存放执行的中间结果和过程数据。单片机的数据存储器均可读写，部分单元还可以位寻址。单片机内部 RAM 共有 256 个单元，这 256 个单元共分为两部分。其一是地址从 00H~7FH 为用户数据 RAM。从 80H~FFH 为特殊寄存器（SFR，Special Function Register）单元。内部 RAM 结构见图 2-2-4。

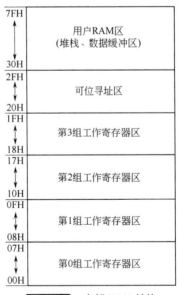

图 2-2-4　内部 RAM 结构

00H~1FH 共 32 个单元被分为四块，每块包含八个寄存器，均以 R0~R7 来命名，常称这些寄存器为通用寄存器。通过对程序状态字寄存器（PSW，Program Status Word）的第 3 和第 4 位（RS0 和 RS1）的设置，即可选择这四组通用寄存器。

内部 RAM 的 20H~2FH 单元为位寻址区，既可作为一般单元用字节寻址，也可进行位寻址。位寻址区共有 16 个字节，128 个位，位地址为 00H~7FH。位地址分配如表 2-2-3 所示。需要注意的是，对于地址是以 0 或 8 结尾的特殊功能寄存器（SFR）也是可以位寻址的。

表 2-2-3 位寻址空间

单元地址	MSB			位地址			LSB	
2FH	7FH	7EH	7DH	7CH	7BH	7AH	79H	78H
2EH	77H	76H	75H	74H	73H	72H	71H	70H
2DH	6FH	6EH	6DH	6CH	6BH	6AH	69H	68H
2CH	67H	66H	65H	64H	63H	62H	61H	60H
2BH	5FH	5EH	5DH	5CH	5BH	5AH	59H	58H
2AH	57H	56H	55H	54H	53H	52H	51H	50H
29H	4FH	4EH	4DH	4CH	4BH	4AH	49H	48H
28H	47H	46H	45H	44H	43H	42H	41H	40H
27H	3FH	3EH	3DH	3CH	3BH	3AH	39H	38H
26H	37H	36H	35H	34H	33H	32H	31H	30H
25H	2FH	2EH	2DH	2CH	2BH	2AH	29H	28H
24H	27H	26H	25H	24H	23H	22H	21H	20H
23H	1FH	1EH	1DH	1CH	1BH	1AH	19H	18H
22H	17H	16H	15H	14H	13H	12H	11H	10H
21H	0FH	0EH	0DH	0CH	0BH	0AH	09H	08H
20H	07H	06H	05H	04H	03H	02H	01H	00H

② 外部数据寄存器 MCS-51 具有扩展 64KB 外部数据存储器的能力。对外部数据存储器的访问采用间接寻址方式 MOVX 指令。注意，片内 RAM 与片外 RAM 两个空间是相互独立的，二者低 128B 的地址是相同的，但由于使用不同的访问指令，所以不会发生冲突。

（3）特殊功能寄存器

特殊功能寄存器反映了 MCS-51 单片机的运行状态。单片机很多功能也通过特殊功能寄存器来定义和控制程序的执行。片上没有定义的地址是不能用的。特殊功能寄存器 SFR 的地址空间映象如表 2-2-4 所示，大部分 SFR 的应用将在后面有关章节中详述。

表 2-2-4 特殊功能寄存器地址

SFR	字节地址	位			地		址		
		D0	D1	D2	D3	D4	D5	D6	D7
P0	80H	P0.0	P0.1	P0.2	P0.3	P0.4	P0.5	P0.6	P0.7
		80 H	81 H	82 H	83 H	84 H	85 H	86 H	87 H
SP	81 H								
DPL	82 H								
DPH	83 H								
PCON	87 H								
TCON	88 H	IT0	IE0	IT1	IE1	TR0	TF0	TR1	TF1
		88 H	89 H	8A H	8B H	8C H	8D H	8E H	8F H
TMOD	89 H								
TL0	8A H								
TL1	8B H								
TH0	8C H								
TH1	8D H								
P1	90 H	P1.0	P1.1	P1.2	P1.3	P1.4	P1.5	P1.6	P1.7
		90 H	91 H	92 H	93 H	94 H	95 H	96 H	97 H
SCON	98 H	RI	TI	RB8	TB8	REN	SM2	SM1	SM0
		98 H	99 H	9A H	9B H	9C H	9D H	9E H	9F H

SFR	字节地址	位 地 址							
		D0	D1	D2	D3	D4	D5	D6	D7
SBUF	99 H								
P2	A0 H	P2.0	P2.1	P2.2	P2.3	P2.4	P2.5	P2.6	P2.7
		A0 H	A1 H	A2 H	A3 H	A4 H	A5 H	A6 H	A7 H
IE	A8 H	EX0	ET0	EX1	ET1	ES	—	—	EA
		A8 H	A9 H	AA H	AB H	AC H			AF H
P3	B0 H	P3.0	P3.1	P3.2	P3.3	P3.4	P3.5	P3.6	P3.7
		B0 H	B1 H	B2 H	B3 H	B4 H	B5 H	B6 H	B7 H
IP	B8 H	PX0	PT0	PX1	PT1	PS	—	—	—
		B8 H	B9 H	BA H	BB H	BC H			
PSW	D0 H	P	—	OV	RS0	RS1	F0	AC	CY
		D0 H	—	D2 H	D3 H	D4 H	D5 H	D6 H	D7 H
ACC	E0 H	ACC.0	ACC.1	ACC.2	ACC.3	ACC.4	ACC.5	ACC.6	ACC.7
		E0 H	E1 H	E2 H	E3 H	E4 H	E5 H	E6 H	E7 H
B	F0 H	—	—	—	—	—	—	—	—
		F0 H	F1 H	F2 H	F3 H	F4 H	F5 H	F6 H	F7 H

主要的特殊功能寄存器有:

① 程序计数器 PC（Program Counter） 程序计数器 PC 是一个 16 位的计数器,用于存放一条要执行的指令地址,寻址范围为 64KB,PC 有自动加 1 功能,即完成了一条指令的执行后,其内容自动加 1。PC 在物理上是独立的,本身并没有地址,因而不可寻址,用户无法直接对它进行读写,但是可以通过转移、调用、返回等指令改变其内容,以控制程序按人们的要求去执行。

② 累加器 A（ACC，Accumulator） 累加器 A 是一个最常用的寄存器,大部分的数据操作都会通过累加器 A 进行,它相当于一个交通要道,在程序比较复杂的运算中,累加器成了制约软件效率的"瓶颈"。

③ 寄存器 B 在乘除法指令中,乘法指令中的两个操作数分别取自累加器 A 和寄存器 B,其结果存放于 AB 寄存器对中。除法指令中,被除数取自累加器 A,除数取自寄存器 B,结果商存放于累加器 A 中,余数存放于寄存器 B 中。

④ 程序状态字（Program Status Word） 程序状态字是一个 8 位寄存器,用于存放程序运行的状态信息,这个寄存器的一些位可由软件设置,有些位则由硬件运行时自动设置。PSW 程序状态寄存器格式如下:

SFR	Address	Bit	B7	B6	B5	B4	B3	B2	B1	B0
PSW	D0H	name	CY	AC	F0	RS1	RS0	OV	—	P

位功能说明:

● PSW.7（CY）:进位标志位。此位有两个功能:一是存放执行某些算数运算时,存放进位标志,可被硬件或软件置位或清零;二是在位操作中做累加位使用。

● PSW.6（AC）:辅助进位标志位。当进行加、减运算时当有低 4 位向高 4 位进位或借位时,AC 置位,否则被清零。AC 辅助进位也常用于十进制调整。

● PSW.5（F0）:用户标志位,供用户设置的标志位。

● PSW.4、PSW.3（RS1 和 RS0）:寄存器组选择位。对应关系如表 2-2-5 所示。

表 2-2-5　通用寄存器组

组	RS1 RS0		R0	R1	R2	R3	R4	R5	R6	R7
0	0	0	00H	01H	02H	03H	04H	05H	06H	07H
1	0	1	08H	09H	0AH	0BH	0CH	0DH	0EH	0FH
2	1	0	10H	11H	12H	13H	14H	15H	16H	17H
3	1	1	18H	19H	1AH	1BH	1CH	1DH	1EH	1FH

● PSW.2（OV）：溢出标志。带符号加减运算中，超出了累加器 A 所能表示的符号数的有效范围（-128～+127）时，即产生溢出，OV=1，表明运算结果错误。如果 OV=0，表明运算结果正确。

执行乘法指令，乘积超过 255，则 OV=1，乘积在 AB 寄存器中。若 OV=0，则说明乘积没有超过 255，乘积只在累加器 A 中。

执行除法指令，OV=1，表示除数为 0，运算不被执行。否则 OV=0。

● PSW.0（P）：奇偶校验位。声明累加器 A 的奇偶性，每个指令周期都由硬件来置位或清零，若值为 1 的位数是奇数，则 P 置位，否则清零。

⑤ 数据指针（DPTR）　DPTR 主要是用来保存 16 位地址，编程时，既可以按 16 位寄存器来使用，也可以按两个 8 位寄存器来使用，即高位字节寄存器 DPH 和低位字节 DPL。

当对 64KB 外部数据存储器寻址时，可作为间接寻址寄存器使用，如下两条指令：

```
MOVX    A, @DPTR
MOVX    @DPTR, A
```

在访问程序存储器时，DPTR 可作为基址寄存器，采用基址+变址寻址方式访问程序存储器，这条指令常用于读取程序存储器内的表格数据。

```
MOVC    A, @A+@DPTR
```

⑥ 堆栈指针 SP（Stack Pointer）　堆栈指针指示堆栈顶部在内部 RAM 中的位置。堆栈的结构如图 2-2-5 所示。数据的写入堆栈称为入栈（PUSH），从堆栈中取出数据称为出栈（POP），堆栈的最主要特征是"后进先出"规则，也即最先入栈的数据放在堆栈的最底部，而最后入栈的数据放在栈的顶部，因此，最后入栈的数据出栈时则是最先的。

栈的操作有两种方法。第一种方式是自动方式，即在中断服务程序响应或子程序调用时，返回地址自动进栈。当需要返回执行主程序时，返回的地址自动交给 PC，以保证程序从断点处继续执行，这种方式是不需要编程人员干预的。第二种方式是人工

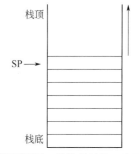

图 2-2-5　堆栈的结构示意图

指令方式，使用专有的堆栈操作指令进行进出栈操作，也只有两条指令：入栈为 PUSH 指令，在中断服务程序或子程序调用时作为现场保护。出栈操作 POP 指令，用于子程序完成时，为主程序恢复现场。

系统复位后，SP 的初始值为 07H，使得堆栈实际上是从 08H 开始的。从 RAM 的结构分布中可知，08H～1FH 隶属 1~3 工作寄存器区，若编程时需要用到这些数据单元，必须对堆栈指针 SP 进行初始化，原则上设在任何一个区域均可，但一般设在 30H~1FH 之间较为适宜。

⑦ I/O 口专用寄存器（P0、P1、P2、P3）　I/O 口寄存器 P0、P1、P2 和 P3 分别是 MCS-51 单片机的四组 I/O 口锁存器。MCS-51 单片机并没有专门的 I/O 口操作指令，而是把 I/O 口也当作一般的寄存器来使用，数据传送都统一使用 MOV 指令来进行，这样的好处在于，四组

I/O 口还可以当作寄存器以直接寻址方式参与其他操作。

⑧ 定时/计数器（TL0、TH0、TL1 和 TH1） MCS-51 单片机中有两个 16 位的定时/计数器 T0 和 T1，它们由四个 8 位寄存器组成。

⑨ 串行数据缓冲器（SBUF） SBUF 用来存放串行通信需发送和接收的数据，由发送缓冲器和接收缓冲器组成。

⑩ 其他控制类寄存器 除了以上简述的几个专用寄存外，还有 IP、IE、TCON、TMOD、SCON 和 PCON 等几个寄存器，这几个控制寄存器主要用于中断和定时，将在相关章节中详细说明。

2.2.1.4 单片机最小系统

单片机最小系统（或称为最小应用系统），是指用最少的元件组成的单片机可以工作的系统。对 MCS-51 系列单片机来说，最小系统一般应该包括：单片机、晶振电路、复位电路及电源电路。图 2-2-6 给出一个 MCS-51 单片机的最小系统电路图。

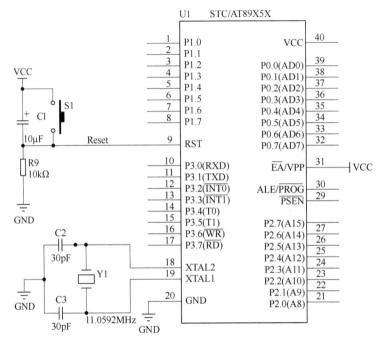

图 2-2-6 MCS-51 单片机的最小系统电路图

（1）时钟电路

单片机有一个用于构成内部振荡器的反相放大器，XTAL1 和 XTAL2 分别是放大器的输入、输出端。石英晶体和陶瓷谐振器都可以用来一起构成自激振荡器。如果利用外部时钟源驱动器件，XTAL2 可以不接，而从 XTAL1 接入，如图 2-2-7 所示。

（2）复位电路

在振荡运行的情况下，要实现复位操作，必须使 RST 引脚至少保持两个机器周期（24 个振荡器周期）的高电平。CPU 在第二个机器周期内执行内部复位操作，以后每一个机器周期重复一次，直至 RST 端电平变低。当 RST 引脚返回低电平以后，CPU 从 0 地址开始执行程序。复位后，各内部寄存状态下如表 2-2-6 所示。复位操作使堆栈指示器 SP 为 07H，各端口都为 1（P0~P3 口的内容均为 0FFH），特殊功能寄存器都复位为 0，但不影响 RAM 的状态。

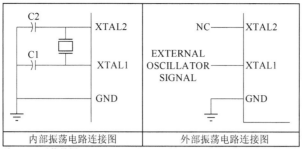

内部振荡电路连接图	外部振荡电路连接图

注: 石英晶振C1, C2=30pF±10pF
　　陶瓷谐振器C1, C2=40pF±10pF

图 2-2-7 内、外部振荡电路连接图

表 2-2-6 复位后的各内部寄存器状态

寄存器	内容	寄存器	内容
PC	0000H	ACC	00H
B	00H	PSW	00H
SP	07H	DPTR	0000H
P0~P3	0FFH	IP	×××00000
IE	0××00000	TMOP	00H
TCON	00H	TH0	00H
TL0	00H	TH1	00H
TL1	00H	SCON	00H
SBUF	不定	PCON	0×××××××

单片机的复位方式可以是自动复位, 也可以是手动复位, 见图 2-2-8。

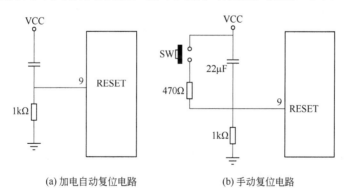

(a) 加电自动复位电路　　　　　(b) 手动复位电路

图 2-2-8 单片机复位电路

图 2-2-8（a）为加电自动复位电路。加电瞬间, RST 端的电位与 VCC 相同, 随着 RC 电路充电电流的减小, RST 的电位下降, 只要 RST 端保持 10ms 以上的高电平就能使 MCS-51 单片机有效复位, 复位电路中的 RC 参数通常由实验调整。当振荡频率选用 6MHz 时, C 选 22μF, R 选 1kΩ, 便能可靠的实现加电自动复位。图 2-2-8（b）为手动复位电路。

2.2.2　指令时序

2.2.2.1　几个主要的概念

MCS-51 时序单位有四个, 它们分别是节拍、状态、机器周期和指令周期。

（1）节拍与状态

振荡脉冲的周期定义为节拍（用 P 表示），振荡脉冲经过二分频后即得到整个单片机工作系统的时钟信号，把时钟信号的周期定义为状态（用 S 表示），这样一个状态就有两个节拍，前半周期相应的节拍定义为 1（P1），后半周期对应的节拍定义为 2（P2）。

（2）机器周期

MCS-51 规定一个机器周期有 6 个状态，分别表示为 S1~S6，而一个状态包含两个节拍，那么一个机器周期就有 12 个节拍，可以记为 S1P1、S1P2、…、S6P1、S6P2，一个机器周期共包含 12 个振荡脉冲，即机器周期就是振荡脉冲的 12 分频，显然，如果使用 6MHz 的时钟频率，一个机器周期就是 2μs，而如使用 12MHz 的时钟频率，一个机器周期就是 1μs。

（3）指令周期

指令周期是执行一条指令所需的时间。指令系统中，按长度可分为单字节指令、双字节指令和三字节指令，执行这些指令需要的机器周期是不同的。

（4）指令时序

指令时序就是 CPU 在执行指令时所需控制信号的时间顺序。图 2-2-9 显示了单周期和双周期取指令及执行时序，图中的 ALE 脉冲是为了锁存地址的选通信号，显然，每出现一次该信号，单片机即进行一次读指令操作。从时序图中可看出，该信号是时钟频率 6 分频后得到的，在一个机器周期中，ALE 信号两次有效，第一次在 S1P2 和 S2P1 期间，第二次在 S4P2 和 S5P1 期间。

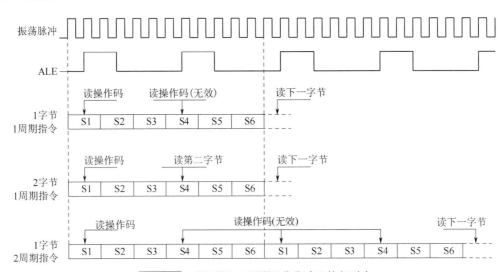

图 2-2-9　单周期和双周期取指指令及执行时序

2.2.2.2 外部程序存储器（ROM）读时序

外部程序存储器读时序如图 2-2-10 所示，有 ALE 和 $\overline{PSEN}$ 两个信号进行控制。

P0 口提供低 8 位地址，P2 口提供高 8 位地址，S2 结束前，P0 口上的低 8 位地址是有效的，之后出现在 P0 口上的就不再是低 8 位的地址信号，而是指令数据信号。这就要求，在 S2 期间必须把低 8 位的地址信号锁存起来，这时是用 ALE 选通脉冲去控制锁存器，把低 8 位地址予以锁存。而 P2 口只输出地址信号，没有指令数据信号，整个机器周期地址信号都是有效的，因而无需锁存这一地址信号。

$\overline{PSEN}$ 从 S3P1 开始有效，直到将地址信号送出和外部程序存储器的数据读入 CPU 后方才失效。而又从 S4P2 开始执行第二个读指令操作。

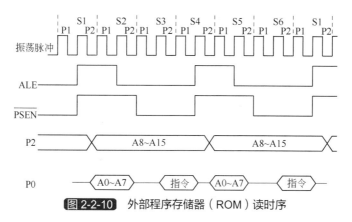
图 2-2-10 外部程序存储器（ROM）读时序

2.2.2.3 外部数据存储器（RAM）读时序

外部数据存储器读写时序图如图 2-2-11 所示。

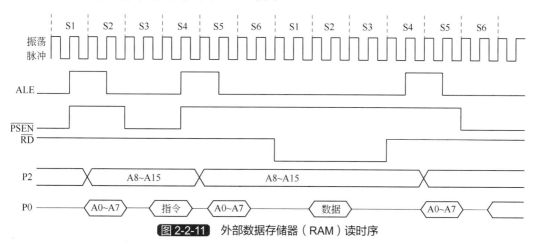
图 2-2-11 外部数据存储器（RAM）读时序

第一个机器周期是取指阶段，是从 ROM 中读取指令数据，接着的下个周期才开始读取外部数据存储器 RAM 中的内容。

在 S4 结束后，先把需读取 RAM 中的地址放到总线上，包括 P0 口上的低 8 位地址 A0～A7 和 P2 口上的高 8 位地址 A8～A15。当 RD 选通脉冲有效时，将 RAM 的数据通过 P0 数据总线读进 CPU。第二个机器周期的 ALE 信号仍然出现，进行一次外部 ROM 的读操作，但是这一次的读操作属于无效操作。

对外部 RAM 进行写操作时，CPU 输出的则是 WR（写选通信号），将数据通过 P0 数据总线写入外部存储。

2.2.2.4 STC12C5A60S2——MCS-51 兼容型单片机

STC12C5A60S2/AD/PWM 系列单片机是宏晶科技生产的单时钟/机器周期（1T）的单片机，指令代码完全兼容传统 8051，但速度快 8～12 倍。内部集成 MAX810 专用复位电路、2 路 PWM、8 路高速 10 位 A/D 转换（250KB/s），支持串口程序烧写。

STC12C5A60S2 系列单片机的内部结构框图如图 2-2-12 所示。STC12C5A60S2 单片机中包含中央处理器（CPU）、程序存储器（Flash）、数据存储器（SRAM）、定时/计数器、UART 串口、串口 2、I/O 接口、高速 A/D 转换、SPI 接口、PCA、看门狗及片内 R/C 振荡器和外部晶体振荡电路等模块。STC12C5A60S2 系列单片机几乎包含了数据采集和控制中所需的所有单元模块，可称得上一个片上系统。

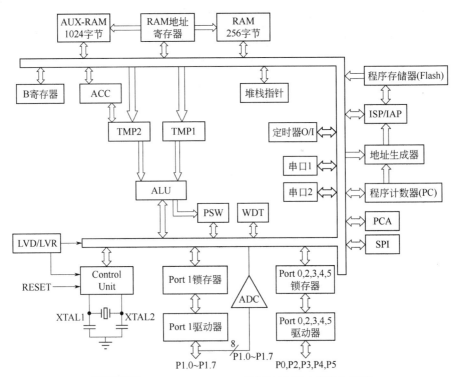

图 2-2-12 STC12C5A60S2 系列单片机的内部结构框图

STC12C5A60S2 是 8051 系列单片机，与普通 51 单片机相比有以下特点：

① 同样晶振的情况下，速度是普通 51 单片机的 8~12 倍。

② 有 8 路 10 位 AD。

③ 多了两个定时器，带 PWM 功能。

④ 有 SPI 接口。

⑤ 有 EEPROM。

⑥ 有 1KB 内部扩展 RAM。

⑦ 有 WATCH_DOG。

⑧ 多一个串口。

⑨ I/O 口可以定义，有四种状态。

⑩ 中断优先级有四种状态可定义。

虽然 STC12C5A60S2 运行速度更快，存储器容量更大，可以实现的功能更多，但是其内核还是 MSC-51。在本课程中，为了使初学者更容易理解，讲授的单片机原理知识以 MSC-51 为基础。由于 STC12C5A60S2 具有串口 ISP 下载的功能，非常方便初学者进行实验，因此开发板采用的处理器是 STC12C5A60S2。在某些单元任务中，需要使用 STC12C5A60S2 独有的功能，如 PWM 模块、第二串口、内部 AD 等，这些将在单元任务中的基础知识部分详细讲解。另外需要注意的是开发板采用的是 STC12C5A60S2 处理器，而在 Proteus 软件中只能仿真其兼容型号 AT89C51，二者的处理速度差别很大，因此在软件设计时，涉及到时序的部分在 Proteus 软件仿真的效果会与实际的情况有所不同，程序可能需要修改。

2.3 准备任务 3：汇编语言基础

★ **任务目标：**
① 掌握 MCS-51 指令系统。
② 结合实例，掌握汇编语言程序设计基本方法。

2.3.1 MCS-51 指令系统

2.3.1.1 指令系统概述

单片机所需执行指令的集合即为单片机的指令系统。现在很多半导体厂商都推出了不同种类的单片机，不同单片机的指令系统不一定相同，或不完全相同。MCS-51 作为最广泛使用的单片机，其指令系统共有 111 条指令，可分为 5 类：

① 数据传送类指令（共 29 条）；
② 算数运算类指令（共 24 条）；
③ 逻辑运算及移位类指令（共 24 条）；
④ 控制转移类指令（共 17 条）；
⑤ 布尔变量操作类指令（共 17 条）。

2.3.1.2 指令格式

MCS-51 系列（含其兼容系列）的 111 条指令是由 42 个助记符结合对操作数的不同寻址方式组成的。指令格式往往以汇编语言格式给出：

标号：	助记符	操作数	;注释

［标号：］指令行的符号地址，由英文字母和数字组成，必须以字母开头，标号后加 ":"。标号可以根据需要设置，一般用于程序分支、转移目的地址处。

［助记符］表示指令操作性质的符号，是由几个特定的英文字母表示的。

［操作数］表示参加指令规定操作的数据或数据所在的地址。指令不同，操作数个数也不同（0～3 个）。在传送指令中，一般第一个操作数为目的操作数，第二个为源操作数。助记符与操作数之间必须用空格分开，操作数之间用 "," 号分隔。

［;注释］是对指令的说明，便于程序阅读。注释与指令用 ";" 号分隔，注释项不是必需的。

在介绍指令系统前，需要先了解一些特殊符号的意义，见表 2-3-1，这对今后程序的编写都是相当有帮助的。

表 2-3-1 指令系统中特殊符号的意义

符号	意义
Rn	当前选中的寄存器区的 8 个寄存器 R0~R7（n=0~7）
Ri	当前选中的寄存器区中可作为地址寄存器的两个寄存器 R0 和 R1（i=0，1）
direct	内部数据存储单元的 8 位地址。包含 0~127（255）内部存储单元地址和特殊功能寄存地址
#data	指令中的 8 位常数
data16	指令中的 16 位常数
addr16	用于 LCALL 和 LJMP 指令中的 16 位目的地址，目的地址的空间为 64KB 程序存储器地址

符号	意义
#addr11	用于 ACALL 和 AJMP 指令中的 11 位目的地址，目的地址必须放在与下条指令第一个字节同一个 2KB 程序存储器空间之中
rel	8 位带符号的偏移字节，用于所有的条件转移和 SJMP 等指令中，偏移字节对于下条指令的第一个字节开始的-128～+127 范围内
@	间接寄存器寻址或基址寄存器的前缀
/	为操作的前缀，声明对该位操作数取反
DPTR	数据指针
bit	内部 RAM 和特殊功能寄存器的直接寻址位
A	累加器
B	累加器 B。用于乘法和除法指令中
C	进位标志位
(X)	X 所指定的某寄存器或某地址单元中的内容
((X))	由 X 间接寻址单元中的内容

2.3.1.3 寻址方式

寻址的"地址"即为操作数所在单元的地址。MCS-51 的寻址方式有七种，使用起来也相当方便，功能也很强大，灵活性强。下面分别介绍这几种寻址方式。

（1）直接寻址

指令中直接给出操作数地址（dir）的寻址方式称为直接寻址。寻址对象为：内部数据存储器，在指令中以直接地址表示；特殊功能寄存器 SFR，在指令中用寄存器名称表示。

例如：
```
MOV    A, 25H          ; 内部 RAM 的（25H）→A
MOV    P0, #45H        ; 45H→P0,P0 为直接寻址的 SFR
MOV    30H, 20H        ; 内部 RAM 的（20H）→（30H）
```

（2）寄存器寻址

以通用寄存器的内容为操作数的寻址方式称为寄存器寻址。通用寄存器包括：A、B、DPTR、R0~R7。A 寄存器可以寄存器寻址，又可以直接寻址（此时写作 ACC）。B 寄存器仅在乘法、除法指令中为寄存器寻址，在其他指令中为直接寻址。除上面所指的几个寄存器外，其他特殊功能寄存器一律为直接寻址。

例如：
```
MOV    A, R0           ; R0→A, R0 为寄存器寻址
MUL    AB              ; A×B→BA, A, B 为寄存器寻址
MOV    B, R0           ; R0→B, R0 为寄存器寻址, B 为直接寻址
PUSH   ACC             ; A 的内容入栈, A 为直接寻址
ADD    A, ACC          ; A 为寄存器寻址, ACC 为直接寻址
```

（3）寄存器间接寻址

以寄存器中的内容为地址，该地址的内容为操作数的寻址方式称为寄存器间接寻址。能够进行寄存器间接寻址的寄存器有：R0、R1、DPTR，用前面加@表示，如@R0、@R1、@DPTR。寄存器间接寻址的存储空间包括内部数据存储器和外部数据存储器。

在指令中，是对内部 RAM 还是对外部 RAM 寻址，区别在于对外部 RAM 的操作仅有数据传送指令，并且用 MOVX 作为操作助记符。

例如：
```
MOV    @R0, A          ; A→以 R0 内容为地址的内部 RAM 中
MOVX   @DPTR, A        ; A→以 DPTR 内容为地址的外部 RAM 中
```

（4）立即寻址

立即数寻址又称立即寻址，即指令中直接给出操作数的寻址方式称为立即数寻址。在

MCS-51 系列单片机指令系统中，立即数用前面加"#"号的 8 位数表示（#data，如#30H）或 16 位数（#data16，如#2052H）表示。以传送指令为例：

例如： MOV　　A，#80H　　　　　　　;80H→A
　　　　MOV　　DPTR，#2000H　　　;2000H→DPTR

（5）变址寻址（基址加变址寄存器间接寻址）

变址寻址是以 DPTR 或 PC 作为基址寄存器，以累加器 A 作为变址寄存器，将两寄存器的内容相加形成 16 位地址形成操作数的实际地址。采用变址寻址的指令只有三条：

```
MOVC    A, @A+DPTR
MOVC    A, @A+PC
JMP     @A+DPTR
```

例如：　MOVC　　A，@A+DPTR　　　　　　; A←(A+DPTR)

该指令为单字节指令，指令代码为 93H。如果 DPTR=1000H 且 A=03H，则 A+DPTP=1003H，1003H 为外部程序空间的地址，将该地址中的数据传送给累加器 A。操作如图 2-3-1 所示。

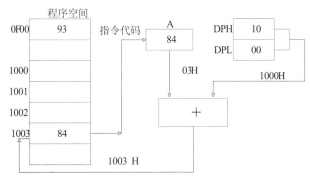

图 2-3-1 执行 MOVC　A, @A+DPTR 指令过程示意图

例如：MOVC　　　A，@A+PC　　　　　　;A←(A+PC)

该指令为单字节指令，指令代码为 83H，设其存放在程序空间的 0F00H 单元。PC 的内容是该指令代码所在地址加 1（PC 指出下一条要执行指令的首地址），因此在执行该指令时，PC 的内容是 0F01H，如果 A 的内容为 03H，那么该指令是将 03+0F01=0F04H 中的内容传送给累加器 A。其操作过程如图 2-3-2 所示。

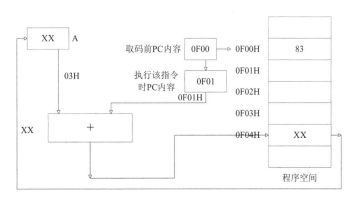

图 2-3-2 执行 MOVC　A, @A+PC 过程示意图

在这三条指令中，A 作为偏移量寄存器，DPTR 或 PC 作为变址寄存器，A 作为无符号数与 DPTR 或 PC 的内容相加，得到访问的实际地址。其中前两条是程序存储器读指令，后一

条是无条件转移指令。

（6）位寻址

在 MCS-51 单片机中，RAM 中的 20H~2FH 字节单元对应的位地址为 00H~7FH，特殊功能寄存器中的字节地址以 0 或 8 结尾的字节内部位地址也可进行位寻址，这些单元既可以采用字节方式访问，也可采用位寻址的方式访问。

例如：　MOV　　C, 20H　　　　　; 20H 是位地址

（7）相对寻址

相对寻址方式是为了程序的相对转移而设计的，其原理是以 PC 的内容为基址，加上给出的偏移量作为转移地址，从而实现程序的转移。偏移量是有正负号之分的，偏移量的取值范围在当前 PC 值的-128~+127 之间。转移的目的地址可参见如下表达式：

目的地址=转移指令地址+转移指令字节数+偏移量

例如：　JB　　　10H, rel　　　　; 10H 是位地址，rel 是相对寻址

七种寻址方式所对应的地址空间见表 2-3-2。

表 2-3-2　寻址方式所对应的地址空间

寻址方式	地址空间
立即寻址	立即数
直接寻址	片内 RAM 低 128 字节；特殊功能寄存器
寄存器寻址	寄存器 R0~R7、A、AB、DPTR
寄存器间接寻址	片内 RAM 和片外数据空间
变址寻址	程序空间
相对寻址	程序空间
位寻址	片内 RAM（20H~2FH）位寻址空间、可位寻址的特殊功能寄存器位地址、C

2.3.1.4　汇编指令

（1）数据传送指令

数据传送指令共有 29 条，数据传送指令一般的操作是将源操作数传送到目的操作数，指令执行完成后，源操作数不变，目的操作数等于源操作数。数据传送指令不影响标志 C、AC 和 OV，但可能会对奇偶校验位 P 有影响。

①以累加器 A 为目的操作数类指令（4 条）。

功能：将源操作数或其指向的内容送到累加器 A。指令及其功能见表 2-3-3。

表 2-3-3　以累加器 A 为目的操作数类指令及其功能

指令	功能
MOV　A, data	(data)→(A)直接单元地址中的内容送到累加器 A
MOV　A, #data	#data→(A)立即数送到累加器 A 中
MOV　A, Rn	(Rn)→(A)Rn 中的内容送到累加器 A 中
MOV　A, @Ri	((Ri))→(A)Ri 内容指向的地址单元中的内容送到累加器 A

② 以寄存器 Rn 为目的操作数的指令（3 条）。

功能：将源操作数指定的内容送到所选定的寄存器 Rn 中。指令及其功能见表 2-3-4。

③ 以直接地址为目的操作数的指令（5 条）。

功能：将源操作数指定的内容送到由直接地址 data 所选定的片内 RAM 中。指令及其功能见表 2-3-5。

表 2-3-4　以寄存器 Rn 为目的操作数的指令及其功能

指令		功能
MOV	Rn, data	(data)→(Rn)直接寻址单元中的内容送到寄存器 Rn 中
MOV	Rn, #data	#data→(Rn)立即数直接送到寄存器 Rn 中
MOV	Rn, A	(A)→(Rn)累加器 A 中的内容送到寄存器 Rn 中

表 2-3-5　以直接地址为目的操作数的指令及其功能

指令		功能
MOV	data, data	(data)→(data)直接地址单元中的内容送到直接地址单元
MOV	data, #data	#data→(data)立即数送到直接地址单元
MOV	data, A	(A)→(data)累加器 A 中的内容送到直接地址单元
MOV	data, Rn	(Rn)→(data)寄存器 Rn 中的内容送到直接地址单元
MOV	data, @Ri	((Ri))→(data)寄存器 Ri 中的内容指定的地址单元中数据送到直接地址单元

④ 以间接地址为目的操作数的指令（3 条）。

功能：将源操作数指定的内容送到以 Ri 中的内容为地址的片内 RAM 中。指令及其功能见表 2-3-6。

表 2-3-6　以间接地址为目的操作数的指令及其功能

指令		功能
MOV	@Ri, data	(data)→((Ri))直接地址单元中的内容送到以 Ri 中的内容为地址的 RAM 单元
MOV	@Ri, #data	#data→((Ri))立即数送到以 Ri 中的内容为地址的 RAM 单元
MOV	@Ri	(A)→((Ri))累加器 A 中的内容送到以 Ri 中的内容为地址的 RAM 单元

⑤ 查表指令（2 条）。

功能：对存放于程序存储器中的数据表格进行查找传送。指令及其功能见表 2-3-7。

表 2-3-7　查表指令及其功能

指令		功能
MOVC	A,@A+DPTR	((A)+(DPTR)→(A)表格地址单元中的内容送到累加器 A 中
MOVC	A,@A+PC	((PC))+1→(A)，((A)+(PC)→(A)表格地址单元中的内容送到累加器 A 中

⑥ 累加器 A 与片外数据存储器 RAM 传送指令（4 条）。

功能：累加器 A 与片外 RAM 间的数据传送。指令及其功能见表 2-3-8。

表 2-3-8　累加器 A 与片外数据存储器 RAM 传送指令及其功能

指令		功能
MOVX	@DPTR, A	(A)→((DPTR))累加器 A 中的内容送到数据指针指向片外 RAM 地址中
MOVX	A, @DPTR	((DPTR))→(A)数据指针指向片外 RAM 地址中的内容送到累加器 A 中
MOVX	A, @Ri	((Ri))→(A)寄存器 Ri 指向片外 RAM 地址中的内容送到累加器 A 中
MOVX	@Ri, A	(A)→((Ri))累加器 A 中的内容送到寄存器 Ri 指向片外 RAM 地址中

⑦ 堆栈操作类指令（2 条）。

功能：把直接寻址单元的内容传送到堆栈指针 SP 所指的单元中，也称为入栈操作指令。相对地，把 SP 所指单元的内容送到直接寻址单元中，也称为出栈操作指令。指令及其功能见表 2-3-9。

表 2-3-9 堆栈操作类指令及其功能

指令	功能
PUSH data	(SP)+1→(SP)，(data)→(SP) 堆栈指针首先加 1，直接寻址单元中的数据送到堆栈指针 SP 所指的单元中
POP data	(SP)→(data)，(SP)-1→(SP) 堆栈指针 SP 所指的单元数据送到直接寻址单元中，堆栈指针 SP 再进行减 1 操作

⑧ 交换指令（5 条）。

功能：把累加器 A 中的内容与源操作数所指的数据相互交换。指令及其功能见表 2-3-10。

表 2-3-10 交换指令及其功能

指令	功能
XCH A, Rn	(A)←→(Rn)累加器 A 与寄存器 Rn 中的内容互换
XCH A, @Ri	(A)←→((Ri))累加器 A 与寄存器 Ri 所指的存储单元中的内容互换
XCH A, data	(A)←→(data)累加器 A 与直接地址单元中的内容互换
XCHD A, @Ri	(A)(3~0)←→(Ri)(3~0)累加器 A 与寄存器 Ri 所指的存储单元中的内容低半字节互换
SWAP A	(A)(3~0)←→(A)(7~4)累加器 A 中的内容高低半字节互换

⑨ 16 位数据传送指令（1 条）。

功能：把 16 位常数送入数据指针寄存器。指令及其功能见表 2-3-11。

表 2-3-11 16 位数据传送指令及其功能

指令	功能
MOV DPTR, #data16	#dataH→(DPH)，#dataL→(DPL)16 位常数的高 8 位送到 DPH，低 8 位送到 DPL

（2）算术运算指令

算术运算指令共有 24 条，算术运算主要是执行加、减、乘、除法四则运算。在使用中应特别注意，除加、减 1 指令外，大多数这类指令对程序状态字（PSW）有影响。

① 加法指令（4 条）。

功能：源操作数与累加器 A 的内容相加，运算结果存在 A 中。指令及其功能见表 2-3-12。

表 2-3-12 加法指令及其功能

指令	功能
ADD A, #data	(A)+#data→(A)累加器 A 中的内容与立即数#data 相加，结果存在 A 中
ADD A, data	(A)+(data)→(A)累加器 A 中的内容与直接地址单元中的内容相加，结果存在 A 中
ADD A, Rn	(A)+(Rn)→(A)累加器 A 中的内容与寄存器 Rn 中的内容相加，结果存在 A 中
ADD A, @Ri	(A)+((Ri))→(A)累加器 A 中的内容与寄存器 Ri 所指向地址单元中的内容相加，结果存在 A 中

② 带进位加法指令（4 条）。

功能：进位位 C、源操作数与累加器 A 的内容相加，运算结果存在 A 中。指令及其功能见表 2-3-13。

表 2-3-13 带进位加法指令及其功能

指令	功能
ADDC A, data	(A)+(data)+(C)→(A)累加器 A 中的内容与直接地址单元的内容连同进位位相加，结果存在 A 中
ADDC A, #data	(A)+#data+(C)→(A)累加器 A 中的内容与立即数连同进位位相加，结果存在 A 中
ADDC A, Rn	(A)+Rn+(C)→(A)累加器 A 中的内容与寄存器 Rn 中的内容、连同进位位相加，结果存在 A 中
ADDC A, @Ri	(A)+((Ri))+(C)→(A)累加器 A 中的内容与寄存器 Ri 指向地址单元中的内容、进位位相加，结果存在 A 中

③ 带借位减法指令（4 条）。

功能：累加器 A 与借位位 C 内容及源操作数相减，结果送回累加器 A 中。在进行减法运算中，CY=1 表示有借位，CY=0 表示无借位。在有符号数相减时，OV=1 表示溢出，OV=0 表示无溢出。指令及其功能见表 2-3-14。

表 2-3-14 带借位减法指令及其功能

指令	功能
SUBB A, data	(A)−(data)(C)→(A)累加器 A 中的内容与直接地址单元中的内容、连同借位位相减，结果存在 A 中
SUBB A, #data	(A)−#data(C)→(A)累加器 A 中的内容与立即数、连同借位位相减，结果存在 A 中
SUBB A, Rn	(A)−(Rn)(C)→(A)累加器 A 中的内容与寄存器中的内容、连同借位位相减，结果存在 A 中
SUBB A, @Ri	(A)−((Ri))(C)→(A)累加器 A 中的内容与寄存器 Ri 指向的地址单元中的内容、借位位相减，结果存在 A 中

④ 乘法指令（1 条）。

功能：把累加器 A 和寄存器 B 中的 8 位无符号数相乘，所得到的是 16 位乘积，这个结果低 8 位存在累加器 A 中，而高 8 位存在寄存器 B 中。如果 OV=1，说明乘积大于 FFH，否则 OV=0，但进位标志位 CY 总是等于 0。指令及其功能见表 2-3-15。

表 2-3-15 乘法指令及其功能

指令	功能
MUL AB	(A)×(B)→(A)和(B)累加器 A 中的内容与寄存器 B 中的内容相乘，结果存在 A、B 中

⑤ 除法指令（1 条）。

功能：把累加器 A 的 8 位无符号整数除以寄存器 B 中的 8 位无符号整数，商存在累加器 A 中，余数存在寄存器 B 中。如果 OV=1，表明寄存器 B 中的内容为 00H，那么执行结果为不确定值，表示除法有溢出。指令及其功能见表 2-3-16。

表 2-3-16 除法指令及其功能

指令	功能
DIV AB	(A)÷(B)→(A)和(B)累加器 A 中的内容除以寄存器 B 中的内容，商存在累加器 A，而余数存在寄存器 B 中

⑥ 加 1 指令（5 条）。

功能：原寄存器的内容加 1，结果送回原寄存器。加 1 指令不会对任何标志有影响，如果原寄存器的内容为 FFH，执行加 1 后，结果就会是 00H。指令及其功能见表 2-3-17。

表 2-3-17 加 1 指令及其功能

指令	功能
INC A	(A)+1→(A)累加器 A 中的内容加 1，结果存在 A 中
INC data	(data)+1→(data)直接地址单元中的内容加 1，结果送回原地址单元中
INC @Ri	((Ri))+1→((Ri))寄存器的内容指向的地址单元中的内容加 1，结果送回原地址单元中
INC Rn	(Rn)+1→(Rn)寄存器 Rn 的内容加 1，结果送回原地址单元中
INC DPTR	(DPTR)+1→(DPTR)数据指针的内容加 1，结果送回数据指针中

⑦ 减 1 指令（4 条）。

功能：把所指的寄存器内容减 1，结果送回原寄存器，若原寄存器的内容为 00H，减 1 后即为 FFH，运算结果不影响任何标志位。指令及其功能见表 2-3-18。

表 2-3-18 减 1 指令及其功能

指令		功能
DEC	A	(A)−1→(A)累加器 A 中的内容减 1，结果送回累加器 A 中
DEC	data	(data)−1→(data)直接地址单元中的内容减 1，结果送回直接地址单元中
DEC	@Ri	((Ri))−1→((Ri))寄存器 Ri 指向的地址单元中的内容减 1，结果送回原地址单元中
DEC	Rn	(Rn)−1→(Rn)寄存器 Rn 中的内容减 1，结果送回寄存器 Rn 中

⑧ 十进制调整指令（1 条）。

功能：在进行 BCD 码运算时，这条指令总是跟在 ADD 或 ADDC 指令之后，其功能是将执行加法运算后存于累加器 A 中的结果进行调整和修正。指令及其功能见表 2-3-19。

表 2-3-19 十进制调整指令及其功能

指令	功能
DA　A	将执行 BCD 码加法运算后存于累加器 A 中的结果进行调整和修正

（3）逻辑运算及移位指令

逻辑运算和移位指令共有 24 条，有与、或、异或、取反、左右移位、清 0 等逻辑操作，有直接、寄存器和寄存器间址等寻址方式。这类指令一般不影响程序状态字（PSW）标志。

① 循环移位指令（4 条）。

功能：将累加器中的内容循环左或右移一位。指令及其功能见表 2-3-20。

表 2-3-20 循环移位指令及其功能

指令	功能
RL　A	累加器 A 中的内容左移一位
RR　A	累加器 A 中的内容右移一位
RLC　A	累加器 A 中的内容连同进位位 CY 左移一位
RRC　A	累加器 A 中的内容连同进位位 CY 右移一位

② 取反指令（1 条）。

功能：将累加器中的内容按位取反。指令及其功能见表 2-3-21。

表 2-3-21 取反指令及其功能

指令	功能
CPL　A	累加器中的内容按位取反

③ 清零指令（1 条）。

功能：将累加器中的内容清零。指令及其功能见表 2-3-22。

表 2-3-22 清零指令及其功能

指令	功能
CLR　A	0→(A)，累加器中的内容清零

④ 逻辑与操作指令（6 条）。

功能：将两个单元中的内容执行逻辑与操作。指令及其功能见表 2-3-23。

表 2-3-23　逻辑与操作指令及其功能

指令		功能
ANL	A, data	累加器 A 中的内容和直接地址单元中的内容执行与逻辑操作，结果存在寄存器 A 中
ANL	data, #data	直接地址单元中的内容和立即数执行与逻辑操作，结果存在直接地址单元中
ANL	A, #data	累加器 A 的内容和立即数执行与逻辑操作，结果存在累加器 A 中
ANL	A, Rn	累加器 A 的内容和寄存器 Rn 中的内容执行与逻辑操作，结果存在累加器 A 中
ANL	data, A	直接地址单元中的内容和累加器 A 的内容执行与逻辑操作，结果存在直接地址单元中
ANL	A, @Ri	累加器 A 的内容和寄存器 Ri 指向的地址单元中的内容执行与逻辑操作，结果存在累加器 A 中

⑤ 逻辑或操作指令（6 条）。

功能：将两个单元中的内容执行逻辑或操作。指令及其功能见表 2-3-24。

表 2-3-24　逻辑或操作指令及其功能

指令		功能
ORL	A, data	累加器 A 中的内容和直接地址单元中的内容执行逻辑或操作，结果存在寄存器 A 中
ORL	data, #data	直接地址单元中的内容和立即数执行逻辑或操作，结果存在直接地址单元中
ORL	A, #data	累加器 A 的内容和立即数执行逻辑或操作，结果存在累加器 A 中
ORL	A, Rn	累加器 A 的内容和寄存器 Rn 中的内容执行逻辑或操作，结果存在累加器 A 中
ORL	data, A	直接地址单元中的内容和累加器 A 的内容执行逻辑或操作，结果存在直接地址单元中
ORL	A, @Ri	累加器 A 的内容和寄存器 Ri 指向的地址单元中的内容执行逻辑或操作，结果存在累加器 A 中

⑥ 逻辑异或操作指令（6 条）。

功能：将两个单元中的内容执行逻辑异或操作。指令及其功能见表 2-3-25。

表 2-3-25　逻辑异或操作指令及其功能

指令		功能
XRL	A, data	累加器 A 中的内容和直接地址单元中的内容执行逻辑异或操作，结果存在寄存器 A 中
XRL	data, #data	直接地址单元中的内容和立即数执行逻辑异或操作，结果存在直接地址单元中
XRL	A, #data	累加器 A 的内容和立即数执行逻辑异或操作，结果存在累加器 A 中
XRL	A, Rn	累加器 A 的内容和寄存器 Rn 中的内容执行逻辑异或操作，结果存在累加器 A 中
XRL	data, A	直接地址单元中的内容和累加器 A 的内容执行逻辑异或操作，结果存在直接地址单元中
XRL	A, @Ri	累加器 A 的内容和寄存器 Ri 指向的地址单元中的内容执行逻辑异或操作，结果存在累加器 A 中

（4）控制转移指令

控制转移指令用于控制程序的流向，所控制的范围即为程序存储器区间，这些指令的执行一般都不会对标志位有影响。

① 无条件转移指令（4 条）。

功能：程序无条件转移到指令所指向的地址。长转移指令访问的程序存储器空间为 16 位地址 64KB，绝对转移指令访问的程序存储器空间为 11 位地址 2KB 空间。指令及其功能见表 2-3-26。

表 2-3-26　无条件转移指令及其功能

指令		功能
LJMP	addr16	addr16→(PC)，给程序计数器赋予新值（16 位地址）
AJMP	addr11	(PC)+2→(PC)，addr11→(PC10~0)程序计数器赋予新值（11 位地址），（PC15~11）不改变
SJMP	rel	(PC)+2+rel→(PC)当前程序计数器先加上 2 再加上偏移量给程序计数器赋予新值
JMP	@A+DPTR	(A)+(DPTR)→(PC)，累加器所指向地址单元的值加上数据指针的值给程序计数器赋予新值

② 条件转移指令（8 条）。

功能：程序可利用这组丰富的指令根据当前的条件进行判断，看是否满足某种特定的条件，从而控制程序的转向。指令及其功能见表 2-3-27。

表 2-3-27　条件转移指令及其功能

指令		功能
JZ	rel	A=0，(PC)+2+rel→(PC) 累加器中的内容为 0，则转移到偏移量所指向的地址，否则程序往下执行
JNZ	rel	A≠0，(PC)+2+rel→(PC) 累加器中的内容不为 0，则转移到偏移量所指向的地址，否则程序往下执行
CJNE	A, data, rel	A≠(data)，(PC)+3+rel→(PC) 累加器中的内容不等于直接地址单元的内容，则转移到偏移量所指向的地址，否则程序往下执行
CJNE	A, #data, rel	A≠#data，(PC)+3+rel→(PC) 累加器中的内容不等于立即数，则转移到偏移量所指向的地址，否则往下执行
CJNE	Rn, #data, rel	A≠#data，(PC)+3+rel→(PC) 寄存器 Rn 中的内容不等于立即数，则转移到偏移量所指向的地址，否则往下执行
CJNE	@Ri, #data, rel	A≠#data，(PC)+3+rel→(PC) 寄存器 Ri 指向地址单元中的内容不等于立即数，则转移到偏移量所指向的地址，否则程序往下执行
DJNZ	Rn, rel	(Rn)−1→(Rn)，(Rn)≠0 (PC)+2+rel→(PC)寄存器 Rn 减 1 不等于 0，则转移到偏移量所指向的地址，否则程序往下执行
DJNZ	data, rel	(Rn)−1→(Rn)，(Rn)≠0 (PC)+2+rel→(PC)直接地址单元中的内容减 1 不等于 0，则转移到偏移量所指向的地址，否则程序往下执行

③ 子程序调用指令（2 条）。

功能：子程序是为了便于程序编写，减少那些需反复执行的程序占用多余的地址空间而引入的程序分支。指令及其功能见表 2-3-28。

表 2-3-28　子程序调用指令及其功能

指令		功能
LCALL	addr16	长调用指令，可在 64KB 空间调用子程序
ACALL	addr11	绝对调用指令，可在 2KB 空间调用子程序
RET		子程序返回指令
RETI		中断返回指令，除具有 RET 功能外，还具有恢复中断逻辑的功能，RETI 指令不能用 RET 代替

④ 空操作指令（1 条）。

功能：将累加器中的内容清零。指令及其功能见表 2-3-29。

表 2-3-29　空操作指令及其功能

指令	功能
NOP	这条指令除了使 PC 加 1，消耗一个机器周期外，没有执行任何操作。可用于短时间的延时

（5）布尔变量操作指令

布尔处理功能是 MCS-51 系列单片机的一个重要特征，这是出于实际应用需要而设置的。布尔变量即开关变量，它是以位(bit)为单位进行操作的。

① 位传送指令（2 条）。

功能：位传送指令就是可寻址位与累加位 CY 之间的传送。指令及其功能见表 2-3-30。

表 2-3-30　位传送指令及其功能

指令	功能
MOV　C, bit	bit→CY，某位数据送 CY
MOV　bit, C	CY→bit，CY 数据送某位

② 位置位复位指令（4 条）。

功能：这些指令对 CY 及可寻址位进行置位或复位操作。指令及其功能见表 2-3-31。

表 2-3-31　位置位复位指令及其功能

指令	功能
CLR　C	0→CY，清 CY
CLR　bit	0→bit，清某一位
SETB　C	1→CY，置位 CY
SETB　bit	1→bit，置位某一位

③ 位运算指令（6 条）。

功能：位运算都是逻辑运算，有与、或、非三种指令。指令及其功能见表 2-3-32。

表 2-3-32　位运算指令及其功能

指令	功能
ANL　C, bit	$(CY)\wedge(bit)\to CY$，进位位 CY 与 bit 位相与
ANL　C, /bit	$(CY)\wedge()\to CY$，进位位 CY 与 bit 位取反后相与
ORL　C, bit	$(CY)\vee(bit)\to CY$，进位位 CY 与 bit 位相或
ORL　C, /bit	$(CY)\wedge()\to CY$，进位位 CY 与 bit 位取反后相或
CPL　C	进位位 CY 取反
CPL　bit	bit 位取反

④ 位控制转移指令（5 条）。

功能：位控制转移指令是以位的状态作为实现程序转移的判断条件。指令及其功能见表 2-3-33。

表 2-3-33　位控制转移指令及其功能

指令	功能
JC　rel	(CY)=1 转移，(PC)+2+rel→PC，否则程序往下执行，(PC)+2→PC
JNC　rel	(CY)=0 转移，(PC)+2+rel→PC，否则程序往下执行，(PC)+2→PC
JB　bit, rel	位状态为 1 转移
JNB　bit, rel	位状态为 0 转移
JBC　bit, rel	位状态为 1 转移，并使该位清 0

2.3.2 汇编语言程序设计

程序设计是为了解决某一个问题,将指令有序地组合在一起。程序有简有繁,复杂程序往往是由简单的基本程序所构成。程序设计的过程大致可以分为以下几个步骤:

① 编制程序流程图。

② 确定数据结构、算法。

③ 按照已编制的程序流程图用汇编语言编写源程序。

④ 将程序在计算机和单片机上调试,直至实现预定的功能。

2.3.2.1 单片机汇编语言的基本格式

单片机应用系统源程序的基本格式及其部分地址分配示例:

```
        ORG     0000H
        LJMP    START           ;转向主程序
        ORG     0003H
        LJMP    INTE0           ;转向外中断 0 服务子程序
        ……                     ;可按实际需要设置服务子程序
        ORG     0030H
START:  MOV     A, #00H         ;主程序从 0030H 单元开始
        MOV     R1, #data
        MOV     R0, #00H
        DJNZ    R1, LOOP0
        ……                     ;初始化程序段
        ……                     ;主程序主体区段
        ORG     3100H
A0:     …                       ;子程序 A0
        RET
A1:     …                       ;子程序 A1
        RET
        ORG     3100H
INTIE0: …                       ;外部中断 0 中断服务程序
        RETI
        ORG     5500H
DBL0:   DB  43, 56, …           ;固定表格参量区段
        END                     ;结束
```

2.3.2.2 常用伪指令

单片机伪指令又叫做汇编控制指令,它是在汇编过程中起作用的指令,用来对汇编过程进行某种控制,或者对符号、标号赋值。伪指令和指令完全不同,在汇编过程中,伪指令并不产生可执行的目标代码,大部分伪指令甚至不会影响存储器中的内容。常见的伪指令有:

(1)BIT 定义位命令

其功能用于给字符名称定义位地址。格式为:

字符名称	BIT	位地址

例如: SPK   BIT   P3.7   ;经定义后,允许在指令中用 SPK 代替 P3.7

(2)ORG 指令

ORG 伪指令总是出现在每段源程序或数据块的起始位置,故称为汇编起始命令。在一个源程序中,可以多次使用 ORG 指令,以规定不同的程序段的起始位置。但所规定的地址应该

是从小到大，而且不允许有重叠，即不同的程序段之间不能有重叠。格式为：

ORG	表达式

例如：ORG　0100H　　；从 100H 处安排数据或程序

（3）END 指令

END 是汇编语言源程序的结束标志，在 END 以后所写的指令，汇编程序都不予处理。一个源程序只能有一个 END 命令。在同时包含有主程序和子程序的源程序中，也只能有一个 END 命令，并放到所有指令的最后。

（4）EQU 指令

EQU 指令用于将一个数值或寄存器名赋给一个指定的符号名。用 EQU 指令赋值以后的字符名，可以用作数据地址、代码地址、位地址或者直接当作一个立即数使用。

格式为：

符号名	EQU	表达式

或者为：

符号名	EQU	寄存器名

例如：　　LIMIT　　EQU　　　1200
　　　　　COUNT　　EQU　　　R5

（5）DB 指令

DB 指令以表达式的值的字节形式初始化代码空间。表达式中可包含符号、字符串、或表达式等项，各个项之间用逗号隔开，字符串应用引号括起来。括号内的标号是可选项，如果使用了标号，则标号的值将是表达式表中第一字节的地址。DB 指令必须位于 CODE 段之内，否则将会发生错误。

格式为：

标号：	DB	表达式表

例如：　　TABLE:　　DB　　　　0C0H, 0F9H, 0A4H
　　　　　TABLE1:　 DB　　　　　" WEINA "

（6）DW 指令

DW 指令功能是从指定地址开始，定义若干个 16 位数据，每个 16 位数要占 ROM 的两个单元，在 MCS-51 系列单片机中，16 位二进制数的高 8 位先存入（低地址字节），低 8 位后存入（高地址字节）。

2.3.3　汇编语言编程实例分析

2.3.3.1　实例 1：分段函数

设有符号数 x 存放在片内 RAM 30H 单元中，变量 y 与 x 的关系是：

$$y = \begin{cases} x, & x > 0 \\ 20H, & x = 0 \\ x + 5, & x < 0 \end{cases}$$

编程，根据 x 的值求 y 值，并放回原单元。

（1）软件流程分析

绘制流程图如图 2-3-3 所示。

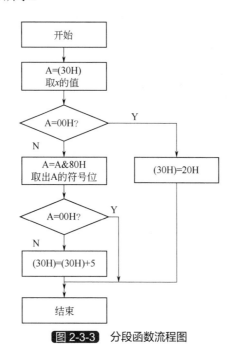

图 2-3-3 分段函数流程图

（2）汇编代码

编写汇编代码如下：

```
        ORG     0000H
        AJMP    MAIN
        ORG     0030H
MAIN:   MOV     A,30H
        JZ      NEXT            ;x=0,转移
        ANL     A,#80H          ;保留符号位
        JZ      ED              ;x>0,转移
        MOV     A,#05H          ;x<0,不转移
        ADD     A,30H
        MOV     30H,A
        SJMP    ED
NEXT:   MOV     30H,#20H
ED:     SJMP    $
        END
```

2.3.3.2 实例 2：精确软件延时分析

假设 MCS-51 单片机晶振位 12MHz，计算子程序精确延时的时间：

```
DEL:    MOV     R7,#200     ①
DEL1:   MOV     R6,#125     ②
DEL2:   DJNZ    R6,DEL2     ③
        DJNZ    R7,DEL1     ④
        RET                 ⑤
```

（1）流程图

根据题目程序代码，绘制流程图如图 2-3-4 所示。

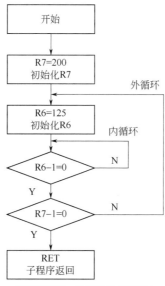

图 2-3-4 软件延时流程图

（2）延时分析

对延时程序进行分析。

① 指令周期。

由于单片机的晶振为 12MHz，因此单片机机器周期为 1μs。

MOV：单周期指令，指令周期 1μs。

DJNZ：双周期指令，指令周期 2μs。

RET：双周期指令，指令周期 2μs。

② 计算公式。

$$\underbrace{\frac{1}{①}} + \underbrace{(\underbrace{1}_{②} + \underbrace{2\times125}_{③} + \underbrace{2}_{})\times200}_{} + \underbrace{\frac{2}{⑤}} = 50603\mu s$$

③ 程序分析。

第一句：MOV R7, #200，在整个子程序中只被执行一次，且为单周期指令，所以耗时 1μs。

第二句：MOV R6. #125，从②看到④只要 R7~1 不为 0，就会返回到这句，共执行了 R7 次，共耗时 200μs。

第三句：DJNZ R6, DEL2，只要 R6~1 不为 0，就反复执行此句（内循环 R6 次），又受外循环 R7 控制，所以共执行 R6×R7 次，因是双周期指令，所以耗时 2×R6×R7μs。

2.3.3.3 实例 3：组合逻辑

已知一个 TTL 组合逻辑电路如图 2-3-5 所示，用软件实现逻辑运算后，输出组合逻辑信号。用位逻辑运算指令实现组合逻辑运算：

（1）软件流程分析

根据题意绘制流程图如图 2-3-6 所示。

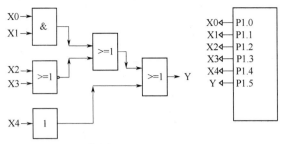

图 2-3-5 组合逻辑框图

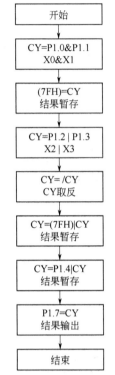

图 2-3-6 组合逻辑实现流程图

（2）汇编代码

根据流程图编写汇编程序代码如下：

```
        ORG    0000H
        AJMP   MAIN
        ORG    0030H
MAIN:   MOV    C,P1.0
        ANL    C,P1.1
        MOV    7FH,C
        MOV    C,P1.2
        ORL    C,P1.3
        CPL    C
        ORL    C,7FH
        ORL    C,P1.4
        MOV    P1.7,C
        SJMP   $
        END
```

2.4 准备任务 4：C51 语言基础

★ 任务目标：
① 学习 C51 的基本语法结构。
② 学习 C51 基本编程风格。

2.4.1 C51 基本语法

2.4.1.1 C 语言与 C51 概述

应用程序设计是整个单片机应用系统开发的重要组成部分，汇编语言移植性差、可读性差、修改调试困难。目前，使用 C 语言进行程序设计已经成为单片机软件开发的主流，而且针对 MCS-51 的 C 语言（C51）日趋成熟，已成为了专业化的实用高级语言。C51 的语法规定、程序结构及程序设计方法都与标准的 C 语言程序设计基本相同，不同之处在于：

① 库函数不同。标准的 C 语言定义的库函数是按通用微型计算机来定义的，而 C51 中的库函数是按 MCS-51 单片机相应情况来定义的。

② 数据类型有一定的区别。C51 中增加了几种针对 MCS-51 单片机特有的数据类型。

③ 变量的存储模式不同。C51 中变量存储模式与 MCS-51 单片机的存储器紧密相关。

④ 输入输出处理不同。C51 中的输入输出是通过 MCS-51 串行口来完成的，输入输出指令执行前必须要对串行口进行初始化。

⑤ 函数的使用也有一定的区别。比如，C51 中有专门的中断函数。

2.4.1.2 C51 实例——LED 闪烁

C 语言程序采用函数结构，每个 C 语言程序由一个或多个函数组成，在这些函数中至少应包含一个主函数 main()，也可以包含一个 main() 函数和若干个其他的功能函数。程序总是从 main() 函数开始执行，执行到 main() 函数结束则结束。在 main() 函数中调用其他函数，其他函数也可以相互调用，但 main() 函数只能调用其他的功能函数，而不能被其他的函数所调用。下面以 LED 闪烁为例分析 C51 程序的主要结构：

```
/* 头文件*********************************************/
#include <reg51.h>                      //通用 MCS-C51 头文件
/* 变量及函数声明****************************************/
sbit  LED = P1 ^ 7;                     //定义 P1.7 为 LED 控制口，低电平 LED 亮
/*************************************************
函数名称: void Delay (unsigned int a)
函数功能: 毫秒级延时函数
入口参数: unsigned int a
出口参数:
备  注:     调用函数必须给延时函数一个 0~65535 的延时值对应 0~65535ms。
应用于 1T 单片机时 i=600，应用于 12T 单片机时 i=125。
*************************************************/
void Delay (unsigned int a)            //需要输入变量值 0~65535
{
```

```
    unsigned int i;
    while( --a != 0)
    {                                       //i 从 0 加到 125，CPU 大概就耗时 1ms
        for(i = 0; i < 125; i++);           //空指令循环
    }
}
/*************************************************
函数名称： void main (void)
函数功能： 主函数
入口参数： 无
出口参数：
备 注：
*************************************************/
void main (void)
{
    while(1)
    {                                       //无限循环以下程序
        LED = ~LED;                         //取 LED 相反状态
        Delay(150);                         //延时 150ms，(0~65535 之间)
    }
}
```

利用 Proteus 设计仿真电路原理图如图 2-4-1 所示。该电路结构较为简单，在 P1.7 上接一个发光二极管，为防止电流过大烧坏二极管（LED 的 I_{max}=10mA），因此接了一个限流电阻。将程序编译后，下载到仿真软件中，可以观察到 LED 闪烁。

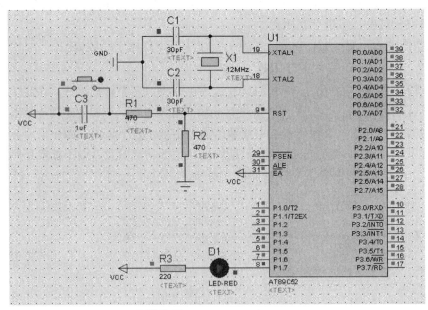

图 2-4-1 LED 闪烁仿真原理图

2.4.1.3 C51 的数据类型

（1）C51 常见数据类型

在设定一个变量之前，必须要给编译器声明这个变量的类型，以便让编译器提前从单片机内存中分配给这个变量合适的空间。C 语言中常用的数据类型如表 2-4-1 所示。

	表 2-4-1		C 语言中常用的数据类型

数据类型	长度（bit）	长度（Byte）	数据表示域
unsigned char	8	1	0~255
signed char	8	1	−128~127
unsigned int	16	2	0~65535
signed int	16	2	−32768~32767
unsigned long	32	4	0~4294967295
signed long	32	4	−2147483648~2147483647
float	32	4	±1.176E−38~±3.40E+38（6 位数字）
double	64	8	±1.176E−38~±3.40E+38（10 位数字）
指针类型	8~24	1~3	对象的地址

除了上述的数据类型，C51 还有以下四种数据类型扩充定义。

① bit：位变量。

位变量是 C51 的一种扩充数据类型，利用它可以定义一个位变量，但不能定义位指针，也不能定义位数组。它的值是一个二进制位，不是 0 就是 1。

② sfr：特殊功能寄存器。

sfr 也是一种扩充数据类型，占用一个内存单元，值域为 0~255。利用它可以访问 MCS-51 单片机内部的所有特殊功能寄存器。其定义 8 位 SFR 语句的一般格式为：

```
sfr sfr-name=int constant;
```

最前面的 "sfr" 是定义特殊功能寄存器的关键字，其后在 sfr-name 处必须是一个 MCS-51 系列单片机真实存在的 SFR 名，"=" 后面必须是一个整型常数，不允许带有运算符的表达式，是 SFR "sfr-name" 的字节地址。单片机的 SFR 的数量与类型不尽相同，所以一般把 SFR 的定义放入一个头文件中，如 C51 编译器自带的头文件 "reg51.h" 就是为了设置 SFR 的。例如：

```
sfr     SCON= 0x98;          /*设置 SFR 串行口寄存器地址为 98H*/
sfr     TMOD= 0x89;          /*设置 SFR 定时/计数器方式控制器地址为 89H*/
```

③ sfr16：16 位特殊功能寄存器。

在新型 MCS-51 单片机中，有些 SFR 在功能上组合为 16 位值，当 SFR 的高字节地址直接位于低字节之后时，对 16 位的 SFR 可以直接进行访问。16 位 SFR 的低地址作为 "sfr16" 的定义地址，其高位地址在定义中没有体现。例如：

```
sfr16 T2 = 0xCC;             /*定义定时器 T2 的低 8 位地址为 0CCH，高 8 位地址为 0CDH*/
```

注意，这种定义方法只适用于所有新的 SFR，不能用于定时/计数器 0 和 1 的定义。

④ sbit：可寻址位。

由于 SFR 中地址为 8 的倍数的寄存器具有位寻址能力，在 C51 中规定使用 "sbit" 来定义 SFR 的位寻址单元。定义格式为：

```
sbit bit-name=sfr-name ^ int constant
```

这里 "sbit" 是关键字，其后在 bit-name 处必须是一个 MCS-51 系列单片机真实存在的某 SFR 的位名，"=" 后面在 sfr-name 处必须是一个 MCS-51 系列单片机真实存在的 SFR 名，且必须是已定义过的 SFR 的名字，"^" 后的整型常数是寻址位在 SFR "sfr-name" 中的位号，取值范围为 0~7。例如定义：

```
sfr P1=0x90;
sbit P1_1=P1^1;
```

这样在以后的程序语句中就可以用 P1_1 来对 P1.1 引脚进行读写操作了。

（2）数据类型隐式转换

在 C 语言程序中的表达式或变量赋值运算中，有时会出现与运算对象的数据类型不一致的情况，C51 允许任何标准数据类型之间的自动隐式转换。隐式转换按以下优先级别自动进行：

```
bit → char → int → long → float
signed → unsigned
```

（3）数据类型缩写定义

对于变量的定义 C51 允许使用缩写形式来定义，其方法是在源程序开头位置使用#define 语句定义缩写形式。如：

```
#define    uchar        unsigned char
#define    uint         unsigned int
```

这样，在其下面的程序语句就可以用 uchar 代替 unsigned char，用 uint 代替 unsigned int 来定义变量，从而节省书写时间和减少书写错误。如：

```
uchar      x;           /*定义变量 x 为无符号字符型变量*/
uint       y;           /*定义变量 y 为无符号整型变量*/
```

2.4.1.4　C51 的运算符及表达式

（1）运算符

C51 的运算符分为以下 8 种。

① 算术运算符　算术运算符就是执行算术运算的操作符号，它们的功能、范例和说明如表 2-4-2 所示。

表 2-4-2　算术运算符的功能、范例和说明

符号	功能	范例	说明
+	加	A=x+y	将 x 与 y 的值相加，其和放入 A 变量
−	减	B=x−y	将 x 变量的值减去 y 变量的值，其差放入 B 变量
*	乘	C=x*y	将 x 与 y 的值相乘，其积放入 C 变量
/	除	D=x/y	将 x 变量的值除以 y 变量的值，其商数放入 D 变量
%	取余数	E=x%y	将 x 变量的值除以 y 变量的值，其余数放入 E 变量

② 关系运算符　关系运算符用于处理两个变量间的大小关系，它们的功能、范例和说明如表 2-4-3 所示。

表 2-4-3　关系运算符的功能、范例和说明

符号	功能	范例	说明
==	相等	x==y	比较 x 与 y 变量的值，相等则结果为 1，不相等则为 0
!=	不相等	x!=y	比较 x 与 y 变量的值，不相等则结果为 1，相等则为 0
>	大于	x>y	若 x 变量的值大于 y 变量的值，其结果为 1，否则为 0
<	小于	x<y	若 x 变量的值小于 y 变量的值，其结果为 1，否则为 0
>=	大等于	x>=y	若 x 变量的值大于或等于 y 变量的值，其结果为 1，否则为 0
<=	小等于	x<=y	若 x 变量的值小于或等于 y 变量的值，其结果为 1，否则为 0

③ 逻辑运算符　逻辑运算符就是执行逻辑运算功能的操作符号，它们的功能、范例和说明如表 2-4-4 所示。

表2-4-4 逻辑运算符的功能、范例和说明

符号	功能	范例	说明
&&	及运算	(x>y)&&(y>z)	若 x 变量的值大于 y 变量的值，且 y 变量的值也大于 z 变量的值，其结果为 1，否则为 0
||	或运算	(x>y)||(y>z)	若 x 变量的值大于 y 变量的值，或 y 变量的值大于 z 变量的值，其结果为 1，否则为 0
!	反相运算	!（x>y）	若 x 变量的值大于 y 变量的值，其结果为 0，否则为 1

④ 位运算符　位运算符与逻辑运算符非常相似，它们之间的差异在于：位运算符针对变量中的每一位，逻辑运算符则是对整个变量进行操作。它们的功能、范例和说明如表 2-4-5 所示。

表2-4-5 位运算符的功能、范例和说明

符号	功能	范例	说明
&	及运算	A=x&y	将 x 与 y 变量的每个位，进行与运算，其结果放入 A 变量
|	或运算	B=x|y	将 x 与 y 变量的每个位，进行或运算，其结果放入 B 变量
^	异或	C=x^y	将 x 与 y 变量的每个位，进行异或运算，其结果放入 C 变量
~	取反	D=~x	将 x 变量的每一位进行取反
<<	左移	E=x<<n	将 x 变量的值左移 n 位，其结果放入 E 变量
>>	右移	F=x>>n	将 x 变量的值右移 n 位，其结果放入 F 变量

⑤ 递增/减运算符　递增/减运算符也是一种很有效率的运算符，其中包括递增与递减两种操作符号，它们的功能、范例和说明如表 2-4-6 所示。

表2-4-6 递增/减运算符的功能、范例和说明

符号	功能	范例	说明
++	加 1	x++	将 x 变量的值加 1
——	减 1	x——	将 x 变量的值减 1

⑥ 复合赋值运算符　复合的赋值运算符，又称为带有运算的赋值运算符，也叫赋值缩写。共有 10 种这样的运算符，它们的功能如表 2-4-7 所示。

表2-4-7 复合赋值运算符的功能、范例和说明

符号	功能	范例	说明
+=	加赋值	n += 25	n=n+25
—=	减赋值	n —= 25	n=n−25
*=	乘赋值	n *= 25	n=n*25
/=	除赋值	n /= 25	n=n/25
%=	求余赋值	n %= 25	n=n%25
&=	按位与赋值	n &= 0xF2	n=n&0xF2
|=	按位或赋值	n |= 0xF2	n=n | 0xF2
^=	按位异或赋值	n ^= 0xF2	n=n ^ 0xF2
<<=	左移位赋值	n <<= 25	n=n<<25
>>=	右移位赋值	n >>= 25	n=n>>25

⑦ 逗号运算符　在 C51 语言中，逗号“,”是一个特殊的运算符，可以用它将两个或两个以上的表达式连接起来，称为逗号表达式。逗号表达式的一般格式为：

表达式 1, 表达式 2,…, 表达式 n

程序执行时对逗号表达式的处理：按从左至右的顺序依次计算出各个表达式的值，而整个逗号表达式的值是最右边的表达式（表达式 n）的值。

例如：x=(a=3,6*3); 结果 x 的值为 18

⑧ 条件运算符 "? :"是条件运算符，条件表达式的一般格式为：

逻辑表达式?表达式 1 : 表达式 2

其功能是先计算逻辑表达式的值，当逻辑表达式的值为真（非 0 值）时，将计算的表达式 1 的值作为整个条件表达式的值；当逻辑表达式的值为假（0 值）时，将计算的表达式 2 的值作为整个条件表达式的值。

例如：条件表达式 max=(a>b)?a:b; 结果是将 a 和 b 中较大的数赋值给变量 max。

（2）表达式语句及复合语句

① 表达式语句 在表达式的后边加一个分号";"，就构成了表达式语句，例如：

a=b*9;

x=8; y=7;

② 复合语句 复合语句是由若干条语句组合而成的一种语句，在 C51 中，用一个大括号 "{ }"将若干条语句括在一起就形成了一个复合语句，复合语句最后不需要以分号";"结束，但它内部的各条语句仍需以分号";"结束。在复合语句内部语句所定义的变量，称为该复合语句中的局部变量，它仅在当前这个复合语句中有效。复合语句的一般形式为：

```
{
    局部变量定义;
    语句 1;
    语句 2;
}
```

2.4.1.5　C51 的运算量

（1）常量

在程序执行过程中，其值不发生改变的量称为常量。在 C 语言中，可以用一个标识符来表示一个常量，称之为符号常量。符号常量在使用之前必须先定义，其一般形式为：

#define　　　标识符　　　　常量

其中#define 也是一条预处理命令（预处理命令都以"#"开头），称为宏定义命令，其功能是把该标识符定义为其后的常量值。一经定义，以后在程序中所有出现该标识符的地方均代之以该常量值。

（2）变量

其值可以改变的量称为变量。一个变量应该有一个名字，在内存中占据一定的存储单元。在 C51 中，变量在使用前必须对变量进行定义，指出变量的数据类型和存储模式，以便编译系统为它分配相应的存储单元。定义的格式如下：

[存储种类]　　　数据类型说明符　　　　[存储器类型]　　　　　变量名 1 [=初值], 变量名 2[=初值]…;

在书写变量定义时，应注意以下几点：

a. 允许在一个类型说明符后，定义多个相同类型的变量。各变量名之间用逗号间隔。类型说明符与变量名之间至少用一个空格间隔。

b. 最后一个变量名之后必须以";"号结尾。

c. 变量定义必须放在变量使用之前。一般放在函数体的开头部分。

d. "存储种类"和"存储器类型"是可选项。

① 变量的存储种类　变量的存储种类有四种：自动（Auto）、外部（Extern）、静态（Static）和寄存器（Register）。在定义一个变量时如果省略存储种类选项，则该变量将为自动（Auto）变量。

a. 自动变量（默认）为动态存储，即只有在使用它时才分配存储单元。

b. 外部变量为静态存储，外部变量等同于全局变量。当一个源程序由若干个源文件组成时，在一个源文件中定义的外部变量在其他的源文件中也有效。

c. 静态变量为静态存储方式，可分为静态局部变量和静态全局变量。

静态局部变量：在局部变量的说明前加上静态（Static）说明；静态全局变量：全局变量再加以静态（Static）就成了静态全局变量。静态全局变量只在定义该变量的源文件有效，在同一源文件的其他源文件中是不能使用的。

d. 寄存器变量，当对一个变量反复访问时，就可将此变量声明为 Register 放在 CPU 的寄存器中。

② 变量的存储器类型　定义一个变量时，除了需要说明其数据类型之外，C51 编译器还允许说明变量的存储器类型。访问片内数据存储器（data、idata、bdata）相对于访问片外数据存储器（xdata）要快很多，其中尤其以访问 data 型数据最快。存储器类型的说明就是指定该变量在 C51 硬件系统中所使用的存储区域，并在编译时准确的定位。变量的存储类型见表 2-4-8。

表 2-4-8　变量的存储类型

存储类型	存储位置	长度	数据范围
data	直接寻址片内 RAM	8 位	0~255
bdata	可位寻址片内 RAM	1 位	0/1
idata	间接寻址片内 RAM	8 位	0~255
pdata	片外页 RAM	8 位	0~255
xdata	片外 RAM	16 位	0~65535
code	程序 ROM	16 位	0~65535

存储类型具体说明如下。

data 区：data 区的寻址是最快的，所以应该把经常使用的变量放在 data 区；但是 data 区的空间是有限的，通常指低 128 字节的内部数据区存储的变量，可直接寻址。

bdata 区：bdata 区实际就是 data 区的位寻址区，在这个区声明变量就可进行位寻址。

idata 区：idata 区也用于存放使用比较频繁的变量，使用寄存器作为指针进行寻址，即在存储器中设置 8 位地址进行间接寻址。

pdata 区和 xdata 区：pdata 和 xdata 区属于外部存储区，外部数据区是可读写的存储区，最多可有 64KB。xdata 存储器类型标识符可以指定外部数据区 64KB 内的任何地址，而 pdata 存储器类型标识符仅指定 1 页或 256 字节的外部数据区。

code 区：在 C51 中用 code 存储器类型标识符来访问程序存储区。

变量定义举例：

```
char data      var1;         /*字符变量 Var1 定义为 data 存储类型*/
bit bdata      flags;        /*位变量 flags 定义为 bdata 存储类型*/
float idata    x;            /*浮点变量 x 定义为 idata 存储类型*/
```

```
unsigned int pdata  var2;              /*无符号整型变量 var2 定义为 pada 存储类型*/
unsigned char xdata vector[10][4];     /*无符号字符数组变量定义为 xdata 存储类型*/
```

③ 存储模式　C51 编译器支持三种存储模式：SMALL 模式、COMPACT 模式和 LARGE 模式。不同的存储模式对变量默认的存储器类型不一样。

SMALL 模式。SMALL 模式称为小编译模式，在 SMALL 模式下，编译时，函数参数和变量被默认在片内 RAM 中，存储器类型为 data。

COMPACT 模式。COMPACT 模式称为紧凑编译模式，在 COMPACT 模式下，编译时，函数参数和变量被默认在片外 RAM 的低 256 字节空间，存储器类型为 pdata。

LARGE 模式。LARGE 模式称为大编译模式，在 LARGE 模式下，编译时函数参数和变量被默认在片外 RAM 的 64K 字节空间，存储器类型为 xdata。

④ 变量的作用域

a. 局部变量　又称内部变量。在函数内作定义说明，其作用域仅限于函数内。允许在不同的函数中使用变量名，它们代表不同的对象，分配不同的单元，互不干扰。

b. 全局变量　又称外部变量，它是在函数外部定义的变量。它不属于哪一个函数，而属于一个源程序文件，其作用域是整个源程序。在函数中使用全局变量，一般应作全局变量说明。

2.4.1.6　C51 流程控制

在程序设计中主要有三种基本控制结构：顺序结构、选择结构和循环结构。

（1）顺序结构　顺序结构就是从前向后依次执行语句。从整体上看，所有程序的基本结构都是顺序结构，中间的某个过程可以是选择结构或循环结构。

（2）选择结构　选择结构作用是根据所指定的条件是否满足，决定从给定的两组操作选择其一。在 C 语言中选择结构可以用两种语句来实现：if 语句和 switch 语句。

① if 结构

a. 第一种形式为：if 形式。

结构形式：if(表达式)语句

其语义是：如果表达式的值为真，则执行其后的语句，否则不执行该语句。其过程可表示为图 2-4-2。

b. 第二种形式为：if-else 形式

结构形式：if(表达式)

语句 1;

else

语句 2;

其语义是：如果表达式的值为真，则执行语句 1，否则执行语句 2。其执行过程可表示为图 2-4-3。

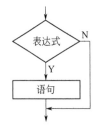

图 2-4-2　if 形式结构执行过程

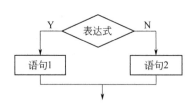

图 2-4-3　if-else 形式结构执行过程

c. 第三种形式为：if-else-if 形式。

当有多个分支选择时，可采用 if-else-if 语句。

结构形式：if(表达式 1)

语句 1;

else   if(表达式 2)

语句 2;

else   if(表达式 3)

语句 3;

……

else

语句 n;

其语义是：依次判断表达式的值，当出现某个值为真时，则执行其对应的语句，然后跳到整个 if 语句之外继续执行程序；如果所有的表达式均为假，则执行语句 n，然后继续执行后续程序。if-else-if 语句的执行过程如图 2-4-4 所示。

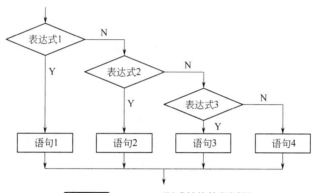

图 2-4-4 if-else-if 形式结构执行过程

② switch 结构   switch 是 C 语言内部多分支选择语句，它根据某些整型和字符常量对一个表达式进行连续测试，当某一常量值与其匹配时，它就执行与该变量有关的一个或多个语句。switch 语句的一般形式如下：

```
switch(表达式)
{
    case 常数 1: 语句项 1;break;
    case 常数 2: 语句项 2 ;break;
    …………
    default: 语句项
}
```

根据 case 语句中所给出的常量值，按顺序对表达式的值进行测试，当常量与表达式值相等时，就执行这个常量所在的 case 后的语句块，直到碰到 break 或 switch 语句执行完成为止。若没有一个常量与表达式值相符，则执行 default 后的语句块。default 是可选的，如果它不存在，并且所有的常量与表达式值都不相符，那就不做任何处理。

switch 语句与 if 语句的不同之处在于，switch 只能对等式进行测试，而 if 可以对关系表达式或逻辑表达式进行测试。

break 语句还可用于循环语句，break 语句在 switch 语句中是可选的，如果不用 break，就继续在下一个 case 语句中执行，直到碰到 break 或 switch 的末尾为止，这样的程序效率比较低。

在使用 switch 语句时还应注意以下几点：

a. 在 case 后的各常量表达式的值不能相同，否则会出现错误。

b. 在 case 后，允许有多个语句，可以不用{}括起来。

c. 各 case 和 default 子句的先后顺序可以变动，而不会影响程序执行结果。

d. default 子句可以省略不用。

例如：

```
switch(number)
{
    case 1:     printf("First");
    break;
    case 2:     printf("Second");
    break;
    default:    printf("input a number");
}
```

（3）循环结构

C 语言中的循环结构常用 for 循环、while 循环与 do-while 循环。

① for 循环　在 C 语言中，for 语句使用最为灵活，它完全可以取代 while 语句。for 语句最简单的应用形式，也是最容易理解的形式如下：

```
for(循环变量赋初值；循环条件；循环变量增量)  语句；
```

循环变量赋初值总是一个赋值语句，它用来给循环控制变量赋初值；循环条件是一个关系表达式，它决定什么时候退出循环；循环变量增量，定义循环控制变量每循环一次后按什么方式变化。这三个部分之间用分号";"分开。

例如：

```
for(i=1; i<=100; i++ )  sum=sum+i;
```

先给 i 赋初值 1，判断 i 是否小于等于 100，若是则执行语句，之后 i 值增加 1。再重新判断，直到条件为假，即 i>100 时，循环结束。

使用 for 语句应该注意：

a. for 循环中的"循环变量赋初值"、"循环条件"和"循环变量增量"都是选择项，即可以缺省，但分号";"不能缺省。

b. 省略了"循环变量赋初值"，表示不对循环控制变量赋初值。

c. 省略了"循环条件"，则不做其他处理时便成为死循环。

d. 省略了"循环变量增量"，则不对循环控制变量进行操作，这时可在语句体中加入修改循环控制变量的语句。

② while 循环　while 语句的一般形式为：

```
while(表达式) 语句；
```

其中表达式是循环条件，语句为循环体。while 语句的语义是：计算表达式的值，当值为真(非 0)时，执行循环体语句。其执行过程可用图 2-4-5 表示。

例如：用 while 语句计算从 1 加到 100 的值。

```
#include <stdio.h>
int main(void)
{
    int i,sum=0;
    i=1;
    while(i<=100)
    {
        sum=sum+i;
        i++;
    }
    printf("%d\n",sum);
}
```

③ do-while 循环

do-while 语句的一般形式为：

```
do
语句;
while(表达式);
```

这个循环与 while 循环的不同在于：它先执行循环中的语句，然后判断表达式是否为真，如果为真则继续循环；如果为假，则终止循环。因此，do-while 循环至少要执行一次循环语句。其执行过程可用图 2-4-6 表示。

图 2-4-5 while 循环结构执行过程   图 2-4-6 do-while 结构执行过程

例如：用 do-while 语句计算从 1 加到 100 的值。

```
#include <stdio.h>
int main(void)
{
    int i,sum=0;
    i=1;
    do
    {
        sum=sum+i;
        i++;
    }
    while(i<=100);
    printf("%d\n",sum);
}
```

（4）break 语句和 continue 语句的用法

break 语句和 continue 语句都可以用在循环中，用来跳出循环（结束循环）；break 语句还可以用在 switch 语句中，用来跳出 switch 语句。

① break 语句　break 语句通常用在循环语句和开关语句中。当 break 用于开关语句 switch

中时，可使程序跳出 switch 而执行 switch 以后的语句。break 在 switch 中的用法已在前面介绍开关语句时的例子中碰到，这里不再举例。

当 break 语句用于 do-while、for、while 循环语句中时，可使程序终止循环而执行循环后面的语句，通常 break 语句总是与 if 语句联在一起，即满足条件时便跳出循环。

② continue 语句　continue 语句的作用是跳过循环体中剩余的语句而强行执行下一次循环。continue 语句只用在 for、while、do-while 等循环体中，常与 if 条件语句一起使用，用来加速循环。

2.4.1.7　C51 的函数

函数中包含了程序的可执行代码。函数调用发生时，立即执行被调用的函数，而调用者则进入等待状态，直到被调用函数执行完毕。函数可以有参数和返回值。如果函数使用的恰当，可以让程序看起来有条理，容易看懂。

（1）函数的定义

一个函数包括函数头和语句体两部分。通常函数结构形式为：

函数返回值类型　函数名(参数表)

```
{
    语句体；
}
```

函数返回值类型可以是前面说到的某个数据类型、或者是某个数据类型的指针、指向结构的指针、指向数组的指针。函数名在程序中必须是唯一的，它也遵循标识符命名规则。参数表可以没有，也可以有多个，在函数调用的时候，实际参数将被拷贝到这些变量中。语句体包括局部变量的声明和可执行代码。

（2）函数的声明和调用

为了调用一个函数，必须事先声明该函数的返回值类型和参数类型，这和使用变量的道理是一样的（有一种可以例外，就是函数的定义在调用之前，下面再讲述）。例如：

```
void a(void);              /*函数声明*/
main()
{
    a();                   /*函数调用*/
}
void a(void)
{                          /*函数定义*/
    int num;
    scanf("%d",&num);
    printf("%d\n",num);
}
```

在 main()的前面声明了一个函数，函数类型是 void 型，函数名为 a，无参数。然后在 main()函数里面调用这个函数，该函数的作用很简单，就是输入一个整数然后显示它。在调用函数之前声明了该函数。其实它和下面这个程序的功能是一样的：

```
main()
{
    int num;
    scanf("%d",&num);
    printf("%d\n",num);
}
```

可以看出，实际上就是把 a() 函数里面的所有内容直接搬到 main() 函数里面。当定义在调用之前时，可以不声明函数。所以上面的程序和下面这个也是等价的：

```
void a()
{
    int num;
    scanf("%d",&num);
    printf("%d\n",num);
}
main()
{
    a();
}
```

因为定义在调用之前，所以可以不声明函数，这是因为编译器在编译的时候，已经发现 a 是一个函数名，是无返回值类型、无参数的函数了。

一般来说，比较好的程序书写顺序是，先声明函数，然后写主函数，再写那些自定义的函数。

（3）函数的形参与实参

形参和实参的功能是作数据传送。发生函数调用时，主调函数把实参的值传送给被调函数的形参从而实现主调函数向被调函数的数据传送。

实参（argument）：全称为"实际参数"，是在调用时传递给函数的参数。实参可以是常量、变量、表达式、函数等，无论实参是何种类型的量，在进行函数调用时，它们都必须具有确定的值，以便把这些值传送给形参。因此应预先用赋值，输入等办法使实参获得确定值。

形参（parameter）：全称为"形式参数"，因它不是实际存在变量，所以又称虚拟变量。在调用函数时，实参将赋值给形参。因而，必须注意实参的个数，类型应与形参一一对应，并且实参必须要有确定的值。形参出现在函数定义中，在整个函数体内都可以使用，离开该函数则不能使用。

① 形参变量只有在被调用时才分配内存单元，在调用结束时，即刻释放所分配的内存单元。因此，形参只有在函数内部有效。函数调用结束返回主调函数后则不能再使用该形参变量。

② 实参可以是常量、变量、表达式、函数等，无论实参是何种类型的量，在进行函数调用时，它们都必须具有确定的值，以便把这些值传送给形参。因此应预先用赋值、输入等办法使实参获得确定值。

③ 实参和形参在数量上、类型上、顺序上应严格一致，否则会发生"类型不匹配"的错误。

④ 函数调用中发生的数据传送是单向的。即只能把实参的值传送给形参，而不能把形参的值反向地传送给实参。因此在函数调用过程中，形参的值发生改变，而实参中的值不会变化。

⑤ 当形参和实参不是指针类型时，在该函数运行时，形参和实参是不同的变量，它们在内存中位于不同的位置，形参将实参的内容复制一份，在该函数运行结束的时候形参被释放，而实参内容不会改变。

而如果函数的参数是指针类型变量,在调用该函数的过程中，传给函数的是实参的地址，在函数体内部使用的也是实参的地址，即使用的就是实参本身。所以在函数体内部可以改变实参的值。

（4）中断子函数——interrupt m

MCS-51 单片机的中断系统非常重要，可以用 C51 来声明中断和编写中断服务程序，中断过程通过使用 interrupt 关键字和中断编号 0~4 实现。中断服务程序声明的一般格式为：

```
返回值  函数名（）interrupt n [using m]
{
    语句；
}
```

其中，n 对应着中断源的编号，中断编号告诉编译器中断程序的入口地址，它对应着 IE 寄存器（IE, Interrupt Enable，中断允许）的使能位，即 IE 寄存器中的 0 位对应着外部中断 0，相应的外部中断 0 的中断编号是 0。MCS-51 单片机的中断源以及中断编号如表 2-4-9 所示。

表 2-4-9 MCS-51 单片机的中断源及中断编号

中断编号	中断源	入口地址
0	外部中断 0	0003H
1	定时/计数器 0 溢出	000BH
2	外部中断 1	0013H
3	定时/计数器 1 溢出	001BH
4	串行口中断	0023H

在 C51 中可使用 using 指定寄存器组，using 后的变量为 0~3 的常整数，分别表示 51 单片机内的 4 个寄存器组。using m 修饰符不能用于有返回值的函数，因为 C51 函数的返回值是放在寄存器中的。如寄存器组改变了，返回值就会出错。

例如：

```
unsigned int interrputcnt;
unsigned char second;
void timer0 (void) interrupt 1 using 2
{
    if(++interruptcnt= =4000)          /*计数到 4000*/
    {
        second++;                      /*另一个计数器*/
        interruptcnt=0;                /*计数器清零*/
    }
}
```

2.4.1.8 C51 的数组

（1）一维数组

① 定义方式 在 C 语言中使用数组必须先进行定义。一维数组的定义方式为：

```
类型说明符 数组名 [常量表达式]；
```

其中，类型说明符是任一种基本数据类型或构造数据类型。数组名是用户定义的数组标识符。方括号中的常量表达式表示数据元素的个数，也称为数组的长度。例如：

```
int     a[10];              /* 说明整型数组 a，有 10 个元素*/
float   b[10], c[20];       /* 说明实型数组 b，有 10 个元素，实型数组 c，有 20 个元素*/
char    ch[20];             /* 说明字符数组 ch，有 20 个元素 */
```

② 一维数组的引用 数组元素是组成数组的基本单元。数组元素也是一种变量，其标识方法为数组名后跟一个下标。下标表示了元素在数组中的顺序号。数组元素的一般形式为：

数组名[下标]

如 a[5]表示数组 a 有 5 个元素。但是其下标从 0 开始计算。因此 5 个元素分别为 a[0]、a[1]、a[2]、a[3]、a[4]。其中下标只能为整型常量或整型表达式。

③ 一维数组的初始化　给数组赋值的方法除了用赋值语句对数组元素逐个赋值外，还可采用初始化赋值和动态赋值的方法。数组初始化赋值是指在数组定义时给数组元素赋予初值。数组初始化是在编译阶段进行的，这样将减少运行时间，提高效率。初始化赋值的一般形式为：

类型说明符 数组名[常量表达式] = { 值，值…… 值 }；
其中在 { } 中的各数据值即为各元素的初值，各值之间用逗号间隔。例如：
int a[10]={ 0,1,2,3,4,5,6,7,8,9 };　　　/*相当于 a[0]=0; a[1]=1;…… a[9]=9; */

（2）二维数组

在实际问题中有很多的量是二维的或多维的，因此 C 语言允许构造多维数组。多维数组元素有多个下标，以标识它在数组中的位置，所以也称为多下标变量。本书只介绍二维数组，多维数组可由二维数组类推而得到。

① 二维数组的定义　二维数组定义的一般形式是：

类型说明符 数组名[常量表达式 1][常量表达式 2]

其中常量表达式 1 表示第一维下标的长度，常量表达式 2 表示第二维下标的长度。例如：

int a[3][4];

说明了一个三行四列的数组，数组名为 a，其下标变量的类型为整型。该数组的下标变量共有 3×4 个，即：

a[0][0], a[0][1], a[0][2], a[0][3]
a[1][0], a[1][1], a[1][2], a[1][3]
a[2][0], a[2][1], a[2][2], a[2][3]

二维数组在概念上是二维的，实际的硬件存储器却是连续编址的，也就是说存储器单元是按一维线性排列的。在 C 语言中，二维数组是按行排列的，先存放 a[0]行，再存放 a[1]行，最后存放 a[2]行，每行中有四个元素也是依次存放的。

② 二维数组元素的引用　二维数组的元素也称为双下标变量，其表示的形式为：

数组名[下标][下标]

其中下标应为整型常量或整型表达式。例如：a[3][4]，表示 a 数组三行四列的元素。

③ 二维数组的初始化　二维数组初始化也是在类型说明时给各下标变量赋以初值。二维数组可按行分段赋值，也可按行连续赋值。

例如：

对数组 a[5][3]，按行分段赋值可写为：

int a[5][3]={{80,75,92},{61,65,71},{59,63,70},{85,87,90},{76,77,85} };

按行连续赋值可写为：

int a[5][3]={ 80,75,92,61,65,71,59,63,70,85,87,90,76,77,85};

这两种赋初值的结果是完全相同的。

（3）字符数组
用来存放字符量的数组称为字符数组。

① 字符数组的定义　形式与前面介绍的数值数组相同。例如：char c[10];

② 字符数组的初始化　字符数组也允许在定义时作初始化赋值。例如：char c[10]={'c',' ','p','r','o','g','r','a','m'};其中 c[9]未赋值，由系统自动赋予 0 值。当对全体元素赋初值时也可以省去长度说明。

③ 字符数组的引用　字符数组和普通数组一样，也是通过下标引用。

（4）数组作为函数参量

① 数组元素作函数实参　由于实参可以是表达式，数组元素可以是表达式的组成部分，因此数组元素当然可以作为函数的实参，与用变量作实参一样，是单向传递，即"值传送"方式。

② 数组名可以做函数参数

a. 用数组名做函数参数，应该在主调函数和被调用函数分别定义数组，例如：array 是形参数组名，score 是实参数组名，分别在其所在函数中定义，不能只在一方定义。

b. 实参数组与形参数组类型应一致，如不一致，结果将出错。

c. 在被调用函数中声明了形参数组的大小为 10，但在实际上，指定其大小是不起任何作用的，因为 C 编译对形参数组大小不做检查，只是将是参数组的首地址传给形参数组，因此 score[n]和 array[n]指的是同一单元。

d. 形参数组也可以不指定大小，在定义数组时在数组名后面跟一个空的方括弧，有时为了在被调用函数中处理数组元素的需要，可以另设一个参数，传递需要处理的数组元素的个数。

e. 用数组名作函数实参时，不是把数组元素的值传递给形参，而是把实参数组的起始地址传递给形参数组，这样两个数组就共占同一段内存单元。

例如：

```
float average(float array[10])
{
    int i;
    float aver,sum=array[0];
    for(i=1;i<10;i++)
        sum=sum+array[i];
    aver=sum/10;
    return(aver);
}
main()
{
    float score[10],aver;
    int i;
    printf("input 10 scores:\n");
    for(i=0;i<10;i++)
        scanf("%f\n",&score[i]);
    printf("\n");
    aver=average(score);
    printf("average score is %5.2f\n",aver);
}
```

2.4.1.9　C51 的指针

在计算机中，所有的数据都是存放在存储器中的。为了正确地访问这些内存单元，必须为每个内存单元编上号。根据一个内存单元的编号即可准确地找到该内存单元。内存单元的编号也叫做地址。既然根据内存单元的编号或地址就可以找到所需的内存单元，所以通常也把这个地址称为指针。

在 C 语言中，允许用一个变量来存放指针，这种变量称为指针变量。因此，一个指针变量的值就是某个内存单元的地址或称为某内存单元的指针。既然指针变量的值是一个地址，那么这个地址不仅可以是变量的地址，也可以是其他数据结构的地址。因为数组或函数都是连续存放的。通过访问指针变量取得了数组或函数的首地址，也就找到了该数组或函数。这样一来，凡是出现数组，函数的地方都可以用一个指针变量来表示，只要该指针变量中赋予数组或函数的首地址即可。在 C 语言中，一种数据类型或数据结构往往都占有一组连续的内存单元。用"地址"这个概念并不能很好地描述一种数据类型或数据结构，而"指针"虽然实际上也是一个地址，但它却是一个数据结构的首地址，它是"指向"一个数据结构的，因而概念更为清楚，表示更为明确。两个有关指针的运算符：

&：取地址运算符；

*：指针运算符（或称"间接访问"运算符）。

（1）定义方式

其一般形式为：

类型说明符 *变量名;

其中，*表示这是一个指针变量，变量名即为定义的指针变量名，类型说明符表示本指针变量所指向的变量的数据类型。例如：

```
int      *p2;      /*p2 是指向整型变量的指针变量*/
float    *p3;      /*p3 是指向浮点变量的指针变量*/
char     *p4;      /*p4 是指向字符变量的指针变量*/
```

（2）指针的引用

C 语言中提供了地址运算符&来表示变量的地址。其一般形式为：

&变量名;

如&a 表示变量 a 的地址，&b 表示变量 b 的地址。指针变量同普通变量一样，使用之前不仅要定义说明，而且必须赋予具体的值。指针的用法见表 2-4-10。

表 2-4-10　指针的用法

指令	含义
p=&a;	&a 的结果是一个指针，类型是 int*，指向的类型是 int，指向的地址是 a 的地址
*p=24;	*p 的结果，在这里它的类型是 int，它所占用的地址是 p 所指向的地址，显然，*p 就是变量 a
ptr=&p;	&p 的结果是个指针，该指针的类型是 p 的类型加个*，在这里是 int**。该指针所指向的类型是 p 的类型，这里是 int*。该指针所指向的地址就是指针 p 自己的地址
*ptr=&b;	*ptr 是个指针，&b 的结果也是个指针，且这两个指针的类型和所指向的类型是一样的，所以用 &b 来给*ptr 赋值就是毫无问题的了
**ptr=34;	*ptr 的结果是 ptr 所指向的东西，在这里是一个指针，对这个指针再做一次*运算，结果是一个 int 类型的变量

2.4.1.10　结构体

结构是一种组合数据类型，它是将若干个不同类型的变量结合在一起而形成的一种数据的集合体。组成该集合体的各个变量称为结构元素或成员。整个集合体使用一个单独的结构变量名。

（1）结构与结构变量的定义

结构与结构变量是两个不同的概念，结构是一种组合数据类型，结构变量是取值为结构这种组合数据类型的变量，相当于整型数据类型与整型变量的关系。结构的定义形式如下：

```
struct  结构名
{结构元素表};
```

结构变量的定义如：   struct 结构名 结构变量名 1, 结构变量名 2, ……;

其中，"结构元素表"为结构中的各个成员，它可以由不同的数据类型组成。在定义时须指明各个成员的数据类型。

例如，定义一个日期结构类型 date，它由三个结构元素 year、month、day 组成，定义结构变量 d1 和 d2，定义如下：

```
struct  date
{
    int  year;
    char  month,day;
}
struct  date  d1,d2;
```

（2）结构变量的引用

结构元素的引用一般格式如下：

结构变量名.结构元素名   或：   指针型结构变量名->结构元素名

其中，"."是结构的成员运算符，例如：d1.year 表示结构变量 d1 中的元素 year，d2.day 表示结构变量 d2 中的元素 day 等。如果一个结构变量中结构元素又是另一个结构变量，即结构的嵌套，则需要用到若干个成员运算符，一级一级地找到最低级的结构元素，而且只能对这个最低级的结构元素进行引用，形如 d1.time.hour 的形式。

2.4.1.11　MCS-51 单片机存储单元的访问

（1）使用 C51 运行库中预定义宏

C51 编译器提供了一组宏定义来对 MCS-51 系列单片机的 Code、Data、Pdata 和 Data 空间进行绝对寻址。规定只能以无符号数方式访问，定义了 8 个宏定义，其函数原型如下：

```
#define  CBYTE((unsigned char volatile*)0)
#define  DBYTE((unsigned char volatile*)0)
#define  PBYTE((unsigned char volatile*)0)
#define  XBYTE((unsigned char volatile*)0)
#define  CWORD((unsigned int volatile*)0)
#define  DWORD((unsigned int volatile*)0)
#define  PWORD((unsigned int volatile*)0)
#define  XWORD((unsigned int volatile*)0)
```

这些函数原型放在 absacc.h 文件中。使用时须用预处理命令把该头文件包含到文件中，形式为：

```
#include  <absacc.h>
```

其中：CBYTE 以字节形式对 Code 区寻址，DBYTE 以字节形式对 Data 区寻址，PBYTE 以字节形式对 Pdata 区寻址，XBYTE 以字节形式对 Xdata 区寻址，CWORD 以字形式对 Code 区寻址，DWORD 以字形式对 Data 区寻址，PWORD 以字形式对 Pdata 区寻址，XWORD 以字形式对 Xdata 区寻址。

例如：绝对地址对存储单元的访问。

```
#include <absacc.h>                    /*将绝对地址头文件包含在文件中*/
```

```
#include <reg52.h>                    /*将寄存器头文件包含在文件中*/
#define uchar  unsigned char          /*定义符号 uchar 为数据类型符 unsigned char*/
#define uint   unsigned int           /*定义符号 uint 为数据类型符 unsigned int*/
void main(void)
{
    uchar  var1;
    uint   var2;
    var1=XBYTE[0x0005];               /*XBYTE[0x0005]访问片外 RAM 的 0005 字节单元*/
    var2=XWORD[0x0002];               /*XWORD[0x0002]访问片外 RAM 的 000 字单元*/
    ......
    while(1);
}
```

在上面程序中，其中 XBYTE[0x0005]就是以绝对地址方式访问的片外 RAM 0005 字节单元；XWORD[0x0002]就是以绝对地址方式访问的片外 RAM　0002 字单元。

（2）通过指针访问

采用指针的方法，可以实现在 C51 程序中对任意指定的存储器单元进行访问。

例如：通过指针实现绝对地址的访问。

```
#define  uchar  unsigned char         /*定义符号 uchar 为数据类型符 unsigned char*/
#define  uint   unsigned int          /*定义符号 uint 为数据类型符 unsigned int*/
void  func(void)
{
    uchar data  var1;
    uchar pdata  *dp1;                /*定义一个指向 pdata 区的指针 dp1*/
    uint xdata  *dp2;                 /*定义一个指向 xdata 区的指针 dp2*/
    uchar data  *dp3;                 /*定义一个指向 data 区的指针 dp3*/
    dp1=0x30;                         /*dp1 指针赋值，指向 pdata 区的 30H 单元*/
    dp2=0x1000;                       /*dp2 指针赋值，指向 xdata 区的 1000H 单元*/
    *dp1=0xff;                        /*将数据 0xff 送到片外 RAM30H 单元*/
    *dp2=0x1234;                      /*将数据 0x1234 送到片外 RAM1000H 单元*/
    dp3=&var1;                        /*dp3 指针指向 data 区的 var1 变量*/
    *dp3=0x20;                        /*给变量 var1 赋值 0x20*/
}
```

（3）使用 C51 扩展关键字_at_

使用_at_对指定的存储器空间的绝对地址进行访问，一般格式如下：

[存储器类型]　数据类型说明符　变量名　_at_　地址常数;

其中，存储器类型为 data、bdata、idata、pdata 等 C51 能识别的数据类型，如省略则按存储模式规定的默认存储器类型确定变量的存储器区域；数据类型为 C51 支持的数据类型。地址常数用于指定变量的绝对地址，必须位于有效的存储器空间之内；使用_at_定义的变量必须为全局变量。

例如：通过_at_实现绝对地址的访问。

```
#define uchar unsigned char           /*定义符号 uchar 为数据类型符 unsigned char*/
#define uint unsigned int             /*定义符号 uint 为数据类型符 unsigned int*/
void  main(void)
{
    data uchar  x1 _at_  0x40;        /*在 data 区中定义字节变量 x1,它的地址为 40H*/
    xdata uint  x2 _at_  0x2000;      /*在 xdata 区中定义字变量 x2,它的地址为 2000H*/
    x1=0xff;
```

```
    x2=0x1234;
    ......
    while(1);
}
```

2.4.1.12 汇编与 C51 对比实例

例如：清零程序（将 2000H~20FFH 的内容清零）。

① 汇编源程序如下：

```
        ORG 0000H
SE01:   MOV R0,#00H
        MOV DPTR,#2000H              ;(0000H)送 DPTR
LOO1:   CLR A
        MOVX  @DPTR,A                ;0 送(DPTR)
        INC DPTR                     ;DPTR+1
        INC R0                       ;字节数加 1
        CJNE  R0,#00H,LOO1           ;不到 FF 个字节再清
LOOP:   SJMP  LOOP
        END
```

② C51 程序如下：

```
#include <reg51.h>
void main(void)
{
    int  i;
    unsigned char xdata *p=0x2000;  /* 指针指向 2000H 单元 */
    for(i=0;i<256;i++)
    {
        *p=0; p++;
    } /*清零 2000H-20FFH 单元*/
}
```

又例如：查找零的个数（在 2000H~200FH 中查出有几个字节是零，把个数放在 2100H 单元中）。

① 汇编源程序如下：

```
        ORG     0000H
L00:    MOV     R0,#10H             ;查找 16 个字节
        MOV     R1,#00H
        MOV     DPTR,#2000H
L11:    MOVX    A,@DPTR
        CJNE    A,#00H,L16          ;取出内容与 00H 相等吗？
        INC     R1                  ;取出个数加 1
L16:    INC     DPTR
        DJNZ    R0,L11              ;未完继续
        MOV     DPTR,#2100H
        MOV     A,R1
        MOVX    @DPTR,A             ;相同数个数送 2100H
L1E:    SJMP    L1E
        END
```

② C51 程序如下：

```
#include <reg51.h>
```

```
void  main (void )
{
    unsigned char xdata *p=0x2000;          /*指针 p 指向 2000H 单元*/
    int n=0,i;
    for(i=0;i<16;i++)
    {
        if(*p= =0)  n++;                     /* 若该单元内容为零，则 n+1 */
    p++;                                     /* 指针指向下一单元  */
    }
    p=0x2100;                                /* 指针 p 指向 2100H 单元 */
    *p=n;                                /* 把个数放在 2100H 单元中 */
}
```

从两个例子的比较中，不难发现 C 语言程序更加简单易懂，而汇编语言程序由于其复杂难懂而慢慢被 C 语言所代替。

2.4.2 C51 编程风格

为了实际编程中应用和交流方便，对于编程风格进行一定的规范，可以大致分为以下几个类型：常量、变量及函数命名规格、数据运算、程序排版、注释。

2.4.2.1 常量、变量函数命名风格

在编程中，通常遵循以下的风格：

（1）需要多次修改的常量命名

在程序编程过程中，对于经常用到或者在程序测试过程中需要多次修改的常量，尽量做成宏定义的形式，方便修改和阅读。常量在命名时尽量采用大写的形式，举例如下：

```
#define    VER_MI    0x0f   //AMCU 小版本号
```

（2）变量命名

对于变量命名，必须表征变量的数据长度和变量的意义，其中局部变量建议全小写形式给出，全局变量采用驼峰命名法，在表征变量意义上面尽量选择该英文单词的几个关键字母。在变量第一次给出定义时，特别是关键变量最好给出变量的含义或者解释。举例如下：

```
uint8_t  *DL645_1st68;              //DL645 规约第一个 68 指针
uint8_t  UC_DL645_Addr[6];          //DL645 规约地址域 A0-A1-A2------A5
```

（3）函数命名

函数的命名同变量命名类似，区别是某函数一般都是固定完成某个任务或者事情，建议在命名时考虑动词+名词、大小写字母间隔的方式，其中中断函数前面建议加 ISR 关键字、初始化函数建议加 Init 关键字。举例如下：

```
static  voidISR_INF(void);          //红外通信中断函数
void    INF_Init(void);             //红外通信初始化函数
void    Process_1S_Task(void);      //1s 任务调度------典型的动词加名词形式命名
```

（4）新类型名的方式定义数据类型

```
typedef    signed char       int8_t;       //有符号 8 位整型变量
typedef    signed int        int16_t;       //有符号 16 位整型变量
typedef    signed int        int32_t;       //有符号 32 位整型变量
typedef    unsigned char     uint8_t;       //无符号 8 位整型变量
typedef    unsigned int      uint16_t;       //无符号 16 位整型变量
```

```
typedef     unsigned int     uint32_t;     //无符号 32 位整型变量
typedef     bit              BOOL;         //位变量
```

2.4.2.2 数据运算

在数据运算时，需要注意下列问题：

① 对于运算优先级，建议在涉及到优先级选择的时候多加一些括号，避免优先级记忆不清楚而导致最后的结果出错。

② 对于数据的乘法运算，需考虑数据溢出的问题。

如：UI_NowTemp =300*500/100;这样运算的结果是先算 $300 \times 500=150000>65536$，系统会截取 150000=0x249F0 的低 16 位 0x49F0，再用 0x49F0=18928 除以 100 等于 189。

正确的书写方式为：UI_NowTemp = ((uint32)300) * 500 /100;这样书写后运算的结果就会是 1500。

很明显以上两种书写方式的运算结果截然不同，而且出错了也很隐蔽，所以在数据运算的时候需要特别注意数据溢出及中间结果的数据长度问题。

③ 对于 2 的整倍数乘法、除法运算，尽量使用移位操作来进行处理。

2.4.2.3 程序排版

在程序的排版上，一般遵循下列原则：

（1）缩进

代码的每一级均往右缩进 4 个空格的位置。

（2）分行

过长的语句（超过 80 个字符）要分成多行书写；长表达式要在低优先级操作符处划分新行，操作符放在新行之首，划分出的新行要适当地缩进，使排版整齐，语句可读。避免把注释插入分行中。

（3）花括号

if、else if、else、for、while 语句无论其执行体是一条语句还是多条语句都必须加花括号，且左右花括号各独占一行。

```
if ( )
{
    //程序代码
}
else
{
    //程序代码
}
```
do-while 结构中，"do"和"{"均各占一行，"}"和"while();"共同占用一行。
```
do
{
    //程序代码
}while( );
```

2.4.2.4 注释

程序注释有助于对程序的阅读理解，说明程序在"做什么"，解释代码的目的、功能和采用的方法。一般情况源程序有效注释量在 30％左右。注释语言必须准确、易懂、简洁。

（1）文件注释

① 文件注释需要说明文件名、功能说明、创建人、创建日期、版本信息等相关信息。

② 修改文件代码时，应在文件注释中记录修改日期、修改人员，并简要说明此次修改目的。所有修改记录必须保持完整。

③ 文件注释放在文件顶端，用"/*......*/"格式包含。

④ 注释文本每行缩进 4 个空格；每个注释文本分项名称应对齐。

```
/**********************************************************
文件名称：
功能说明：
修改记录：
**********************************************************/
```

（2）函数头部注释

① 函数头部注释应包括函数名称、函数功能、入口参数、出口参数等内容。如有必要还可增加作者、创建日期、修改记录（备注）等相关项目。

② 函数头部注释放在每个函数的顶端，用"/*......*/"的格式包含。

```
/**********************************************************
函数名称：
函数功能：
入口参数：
出口参数：
备 注：
**********************************************************/
```

（3）代码注释

① 代码注释应与被注释的代码紧邻，放在其上方或右方，不可放在下面。如放于上方则需与其上面的代码用空行隔开。一般少量注释应该添加在被注释语句的行尾，一个函数内的多个注释左对齐；较多注释则应加在上方且注释行与被注释的语句左对齐。

② 函数代码注释用"//..."的格式。

③ 通常，分支语句（条件分支、循环语句等）必须编写注释。

（4）变量、常量、宏的注释

① 同一类型的标识符应集中定义，并在定义之前一行对其共性加以统一注释。对单个标识符的注释加在定义语句的行尾。

② 全局变量一定要有详细的注释，包括其功能、取值范围、哪些函数或过程存取它，以及存取时的注意事项等。

③ 注释用"//...//"的格式。

第3章 单元任务

3.1 单元任务 1：人机交互模块

★ **任务目标：**
① 学习带字库的 LCD 128×64 的原理与应用。
② 学习按键与键盘的原理与应用。
③ 完成单元子任务 1-1：LCD 显示中英文。
④ 完成单元子任务 1-2：独立式按键应用。
⑤ 完成单元子任务 1-3：4×4 键盘识别。

3.1.1 LCD 显示

3.1.1.1 LCD 显示概述

液晶（LCD，Liquid Crystal Display）具有功耗低、体积小、重量轻、可编程等优点，不仅可以显示数字、字符，还可以显示各种图形、曲线及汉字，并且可实现屏幕上下左右滚动、动画、闪烁、文本特征显示等功能。LCD 通常可按其显示方式分为段式、字符式、点阵式等。

128×64 点阵液晶显示模块就是由显示点组成的一个 128 列 64 行的阵列。每个显示点对应一位二进制数，1 表示亮，0 表示灭。存储这些点阵信息的 RAM 称为显示数据存储器。要显示某个图形或汉字，就将相应的点阵信息写入到相应的存储单元中。假设把液晶上显示 16×16 点阵的"豪"字放大 10 倍，如图 3-1-1 所示。

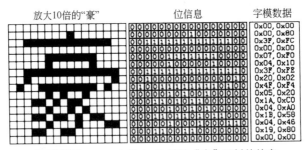

图 3-1-1 LCD 上放大 10 倍的"豪"及其位信息

放大之后，每一个小方格代表一个点，黑色的为 1，白色为 0，每一个点看作为一位（bit）。据此可以描绘出"豪"字的位（bit）信息。采用行扫描的方式，每八位（bit）为一个字节，这里采用十六进制表示，这样就得到了字模数据。字符的显示过程是字模数据创建的逆过程。首先确认字模数据的排列扫描方式，然后把十六进制的字模数据变成位（bit）信息，最后才能根据位信息按照字模数据给定的扫描方式逐个把点描绘出来。

LCD（128×64）分为带字库的和不带字库两种。带字库的 LCD 可以直接调用 CGRAM 的字库，MCU 发送一个字的编码，它就会在屏幕上显示与编码相对应的字，使用方便。而不带字库的 LCD 需要用取模软件取模，MCU 需要发文字的点阵数据才能进行显示。

3.1.1.2 基于 ST7290 主控带子库 LCD 显示模块

YAOXY12864B 汉字图形点阵液晶显示模块是具有 8 位/4 位并行或 3 位串行多种接口方式、内部含有国标一级、二级简体中文字库的 128×64 点阵图形液晶显示模块，可显示汉字及图形，内置 8192 个 16×16 点汉字，和 128 个 16×8 点 ASCII 字符集。模块内置升压电路，无需负压，电压范围为 3.3~5V，具有 LED 背光。

（1）引脚功能

YAOXY12864B 液晶模块外观如图 3-1-2 所示。

图 3-1-2　YAOXY12864B 液晶模块外观

模块引脚功能如表 3-1-1 所示。

表 3-1-1　YAOXY12864B 液晶模块引脚功能说明

引脚号	引脚名称	方向	功能说明
1	GND	—	模块的电源地
2	VCC	—	模块的电源正端
3	VO	—	LCD 驱动电压输入端，可悬空
4	RS(CS)	H/L	并行的指令/数据选择信号；串行的片选信号
5	R/W(SID)	H/L	并行的读写选择信号；串行的数据口
6	E(CLK)	H/L	并行的使能信号；串行的同步时钟
7	DB0	H/L	数据 0
8	DB1	H/L	数据 1
9	DB2	H/L	数据 2
10	DB3	H/L	数据 3
11	DB4	H/L	数据 4
12	DB5	H/L	数据 5
13	DB6	H/L	数据 6
14	DB7	H/L	数据 7
15	PSB	H/L	并/串行接口选择：H—并行；L—串行
16	NC		空脚
17	/RST	H/L	复位低电平有效
18	VOUT		倍压输出脚（VDD=+3.3V 有效）可悬空
19	LED_A	—	背光源正极（LED+5V）
20	LED_K	—	背光源负极（LED−0V）

RS 和 R/W 的配合选择决定控制界面的 4 种模式，如表 3-1-2 所示。

表 3-1-2 RS 和 R/W 引脚配合功能说明

RS	R/W	功能说明
L	L	MCU 写指令到指令暂存器（IR）
L	H	读出忙标志（BF）及地址计数器（AC）的状态
H	L	MCU 写入数据到数据暂存器（DR）
H	H	MCU 从数据暂存器（DR）中读出数据

（2）存储器结构

液晶模块内部有三类存储器：字型产生 ROM（CGROM）、显示数据 RAM（DDRAM）和字型产生 RAM(CGRAM)，其主要功能如下：

① 字型产生 ROM（CGROM） 字型产生 ROM（CGROM）提供 8192 个 16×16 点的中文字形图像以及 126 个 16×8 点的数字符号图像，它使用两个字节来提供字形编码选择，配合 DDRAM 将要显示的字形码写入到 DDRAM 上，硬件将自动根据编码从 CGROM 中将要显示的字形显示在液晶屏上。

② 显示数据 RAM（DDRAM） 模块内部显示数据 RAM 提供 64×2 个位元组的空间，最多可控制 4 行 16 字(64 个字)的中文字型显示，当写入显示数据 RAM 时，可分别显示 CGROM 与 CGRAM 的字型。

③ 字型产生 RAM（CGRAM） 字型产生 RAM 提供图像定义（造字）功能，可以提供四组 16×16 点的自定义图像空间，使用者可以将内部字型没有提供的图像字型自行定义到 CGRAM 中，便可和 CGROM 中的定义一样地通过 DDRAM 显示在屏幕中。

（3）并行连接模式

① 并行模式典型接口电路 8 位并行模式接口 MCU 与 LCD 模块接口典型电路如图 3-1-3 所示。

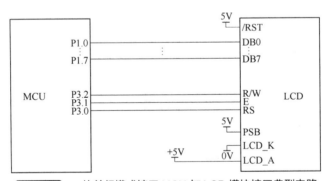

图 3-1-3 8 位并行模式接口 MCU 与 LCD 模块接口典型电路

② MCU 写数据到 LCD 模块时序 MCU 写数据到 LCD 模块时序如图 3-1-4 所示。

③ MCU 从 LCD 模块读数据时序 MCU 从 LCD 模块读数据时序如图 3-1-5 所示。

（4）串行连接时序图

① 串行模式典型接口电路 串行模式接口 MCU 与 LCD 模块接口典型电路如图 3-1-6 所示。

② 串行连接时序 串行连接时序如图 3-1-7 所示。

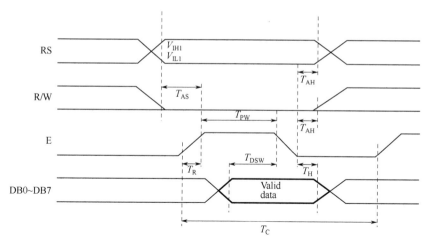

图 3-1-4　MCU 写数据到 LCD 模块时序图

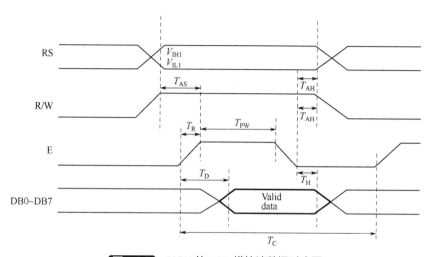

图 3-1-5　MCU 从 LCD 模块读数据时序图

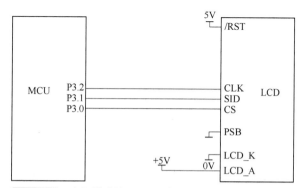

图 3-1-6　串行模式接口 MCU 与 LCD 模块接口典型电路

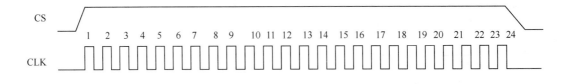

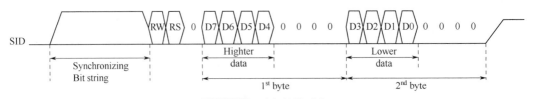

图 3-1-7　串行连接时序

由图 3-1-7 串行接口时序图可以看出，串行数据传送共分三个字节完成：

a．第一字节：串口控制。

格式：11111ABC

A 为数据传送方向控制：H 表示数据从 LCD 到 MCU，L 表示数据从 MCU 到 LCD。

B 为数据类型选择：H 表示数据是显示数据，L 表示数据是控制指令。

C 固定为 0。

b．第二字节：（并行）8 位数据的高 4 位。

格式：DDDD0000

c．第三字节：（并行）8 位数据的低 4 位。

格式：0000DDDD

（5）指令集

① 当 RE=0 时，基本指令集见表 3-1-3。

表 3-1-3　LCD 基本指令集（RE=0）

指令	指令码									说明
	RS	RW	DB7	DB6	DB5	DB4	DB3	DB2	DB1	DB0	
清除显示	0	0	0	0	0	0	0	0	0	1	将 DDRAM 填满"20H"，并且设定 DDRAM 的地址计数器（AC）到"00H"
地址归位	0	0	0	0	0	0	0	0	1	X	设定 DDRAM 的地址计数器（AC）到"00H"，并将游标移到开头原点位置；这个指令并不改变 DDRAM 的内容
进入点设定	0	0	0	0	0	0	0	1	I/D	S	指定在资料的读取与写入时，设定游标移动方向及指定显示的移位
显示状态开/关	0	0	0	0	0	0	1	D	C	B	D=1：整体显示 ON C=1：游标 ON B=1：游标位置 ON
游标或显示移位控制	0	0	0	0	0	1	S/C	R/L	X	X	设定游标的移动与显示的移位控制位元；这个指令并不改变 DDRAM 的内容
功能设定	0	0	0	0	1	DL	X	0 RE	X	X	DL=1：（必须设为 1） RE=1：扩充指令集动作 RE=0：基本指令集动作

指令	指令码										说明
	RS	RW	DB7	DB6	DB5	DB4	DB3	DB2	DB1	DB0	
设定CGRAM地址	0	0	0	1	AC5	AC4	AC3	AC2	AC1	AC0	设定 CGRAM 地址到地址计数器（AC）
设定DDRAM地址	0	0	1	AC6	AC5	AC4	AC3	AC2	AC1	AC0	设定 DDRAM 地址到地址计数器（AC）
读取忙碌标志（BF）和地址	0	1	BF	AC6	AC5	AC4	AC3	AC2	AC1	AC0	读取忙碌标志（BF）可以确认内部动作是否完成,同时可以读出地址计数器（AC）的值
写资料到RAM	1	0	D7	D6	D5	D4	D3	D2	D1	D0	写入资料到内部的 RAM（DDRAM/CGRAM/IRAM/GDRAM）
读出 RAM 的值	1	1	D7	D6	D5	D4	D3	D2	D1	D0	从内部 RAM 读取资料（DDRAM/CGRAM/IRAM/GDRAM）

② 当 RE=1 时，扩充指令集见表 3-1-4。

表3-1-4 LCD 扩充指令集（RE=1）

指令	指令码										说明
	RS	RW	DB7	DB6	DB5	DB4	DB3	DB2	DB1	DB0	
待命模式	0	0	0	0	0	0	0	0	0	1	将 DDRAM 填满"20H"，并且设定 DDRAM 的地址计数器（AC）到"00H"
卷动地址或IRAM 地址选择	0	0	0	0	0	0	0	0	1	SR	SR=1:允许输入垂直卷动地址 SR=0:允许输入 IRAM 地址
反白选择	0	0	0	0	0	0	0	1	R1	R0	选择4行中的任一行作反白显示,并可决定反白与否
睡眠模式	0	0	0	0	0	0	1	SL	X	X	SL=1:脱离睡眠模式 SL=0:进入睡眠模式
扩充功能设定	0	0	0	0	1	1	X	1 RE	G	0	RE=1: 扩充指令集动作 RE=0: 基本指令集动作 G=1: 绘图显示 ON G=0: 绘图显示 OFF
设定 IRAM 地址或卷动地址	0	0	0	1	AC5	AC4	AC3	AC2	AC1	AC0	SR=1: AC5~AC0 为垂直卷动地址 SR=0: AC3~AC0 为 ICON IRAM 地址
设定绘图RAM 地址	0	0	1	AC6	AC5	AC4	AC3	AC2	AC1	AC0	设定 CGRAM 地址到地址计数器（AC）

（6）显示坐标

① 图形显示坐标　图形显示坐标图见图 3-1-8。水平方向 X，以字节为单位。垂直方向 Y，以位为单位。

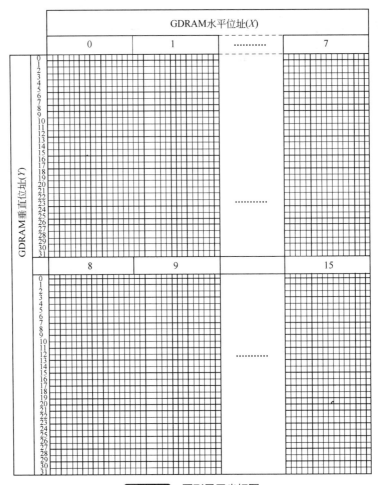

图 3-1-8 图形显示坐标图

② 汉字显示坐标 LCD 显示汉字的坐标与显示内存的地址关系如表 3-1-5 所示。

表 3-1-5 LCD 显示汉字的坐标与显示内存的地址关系

项目	X 坐标							
Line1	80H	81H	82H	83H	84H	85H	86H	87H
Line2	90H	91H	92H	93H	94H	95H	96H	97H
Line3	88H	89H	8AH	8BH	8CH	8DH	8EH	8FH
Line4	98H	99H	9AH	9BH	9CH	9DH	9EH	9FH

（7）写入绘图 RAM（GDRAM）流程

整个写入绘图 RAM 的步骤如下：

① 关闭绘图显示功能；

② 先将水平的位元组坐标（X）写入绘图 RAM 地址；

③ 再将垂直的坐标（Y）写入绘图 RAM 地址；

④ 将 D15~D8 写入到 RAM 中；

⑤ 将 D7~D0 写入到 RAM 中；

⑥ 打开绘图显示功能；

⑦ 绘图显示的缓冲区对应分布请参考"显示坐标"。

3.1.2 键盘接口

键盘在单片机应用系统中，实现输入数据、传送命令的功能，是人工干预的主要手段。

按键按照结构原理可分为两类，一类是触点式开关按键，如机械式开关、导电橡胶式开关等；另一类是无触点式开关按键，如电气式按键、磁感应按键等。前者造价低，后者寿命长。按键按照接口原理可分为编码键盘与非编码键盘。

3.1.2.1 按键的结构特点

单片机系统采用的键盘通常是机械触点式按键开关，其主要功能是把机械上的通断转换成为电气上的逻辑关系。机械式按键在按下或释放时，由于机械弹性作用的影响，通常伴随有一定时间的触点机械抖动，然后其触点才稳定下来。其抖动过程如图 3-1-9 所示，抖动时间的长短与开关的机械特性有关，一般为 5~10ms。在触点抖动期间检测按键的通与断状态，可能导致判断出错，即按键一次按下或释放被错误地认为是多次操作，这种情况是不允许出现的。为了克服按键触点机械抖动所致的检测误判，必须采取去抖动措施。软件上采取的措施是：在检测到有按键按下时，执行一个 10ms 左右（具体时间应视所使用的按键进行调整）的延时程序后，再确认该键电平是否仍保持闭合状态电平，若仍保持闭合状态电平，则确认该键处于闭合状态，从而可消除抖动的影响。

3.1.2.2 独立式按键接口

独立式按键是直接用 I/O 口线构成的单个按键电路，其特点是每个按键单独占用一根 I/O 口线，每个按键的工作不会影响其他 I/O 口线的状态。在按键较多时，I/O 口线浪费较大，不宜采用。独立式按键的典型应用如图 3-1-10 所示。

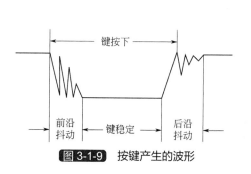

图 3-1-9 按键产生的波形

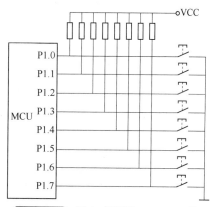

图 3-1-10 独立式按键与 MCS-51 的 P1 口连接的电路原理图

每个按键接到 P1 口的一位 I/O 引线上。其工作过程为：

① 首先将 P1 口的各位锁存器置 1。

② MCU 不断地读取 P1 口的状态，检测各位电平。若检测到某位有低电平，说明有键按下。

③ 调用一个延时子程序消除按键抖动；此时再检测相应位是否有低电平继续保持。

④ 若无有低电平，则说明刚才的按键是一次干扰，无按键按下。

⑤ 如果有低电平继续保持，说明有键按下，可读取键的状态值。

⑥ 接着，再判别该键是否释放，等待按键释放，去抖动，退出一次按键读取操作。

⑦ 再对按键状态进行译码，转入对应按键的执行子程序，完成相应的按键操作。

上述操作过程可用图 3-1-11 所示流程图表示。

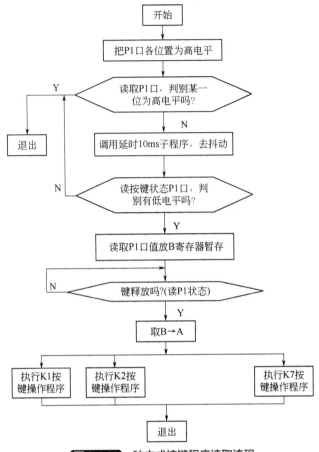

图 3-1-11 独立式按键程序读取流程

3.1.2.3 矩阵式键盘接口

单片机系统中，若使用按键较多时，通常采用矩阵式（也称行列式）键盘。矩阵式键盘是一种扫描式键盘，其工作过程要比独立式按键复杂。

（1）矩阵式键盘的结构与工作原理

矩阵式键盘由行线和列线组成，按键位于行、列线的交叉点上，其结构如图 3-1-12 所示。一个 4×4 的行、列结构可以构成一个含有 16 个按键的键盘，显然，在按键数量较多时，矩阵式键盘较之独立式按键键盘要节省很多 I/O 口。

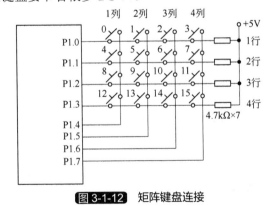

图 3-1-12 矩阵键盘连接

矩阵式键盘中，行、列线分别连接到按键开关的两端，行线通过上拉电阻接到+5V上。当无键按下时，行线处于高电平状态；当有键按下时，行、列线将导通，此时，行线电平将由与此行线相连的列线电平决定。这是识别按键是否按下的关键。然而，矩阵键盘中的行线、列线和多个键相连，各按键按下与否均影响该键所在行线和列线的电平，各按键间将相互影响，因此，必须将行线、列线信号配合起来作适当处理，才能确定闭合键的位置。

（2）矩阵式键盘的按键识别方法——行列扫描法

行扫描法又称为逐行（或列）扫描查询法，是一种最常用的按键识别方法，如图 3-1-13 所示键盘，过程如下：

① 判断键盘中有无键按下。将全部行线置低电平，然后检测列线的状态。只要有一列的电平为低，则表示键盘中有键被按下，而且闭合的键位于低电平线与 4 根行线相交叉的 4 个按键之中。若所有列线均为高电平，则键盘中无键按下。

② 判断闭合键所在的位置。在确认有键按下后，即可进入确定具体闭合键的过程。其方法是：依次将行线置为低电平，即在置某根行线为低电平时，其他线为高电平。在确定某根行线位置为低电平后，再逐行检测各列线的电平状态。若某列为低，则该列线与置为低电平的行线交叉处的按键就是闭合的按键。

以图 3-1-13 所示的矩阵式键盘为例，行列扫描法具体操作流程如下：

第一步：检测当前是否有键被按下。检测的方法是 P1.4～P1.7 输出全 0，读取 P1.0～P1.3 的状态，若 P1.0~P1.3 为全 1，则无键闭合，否则有键闭合。

第二步：去除键抖动。当检测到有键按下后，延时一段时间再做下一步的检测判断。

第三步：若有键被按下，应识别出是哪一个键闭合。方法是对键盘的行线进行扫描。P1.4～P1.7 按表 3-1-6 述 4 种组合依次输出。

表 3-1-6　扫描法按键输出情况

引脚	第一次	第二次	第三次	第四次
P1.7	1	1	1	0
P1.6	1	1	0	1
P1.5	1	0	1	1
P1.4	0	1	1	1

在每组行输出时读取 P1.0～P1.3，若全为 1，则表示为 0 这一行没有键闭合，否则有键闭合。由此得到闭合键的行值和列值，然后可采用计算法或查表法将闭合键的行值和列值转换成所定义的键值。

从以上分析得到键盘扫描程序的流程图如图 3-1-13 所示。

（3）矩阵式键盘的按键识别方法——线反转法

扫描法要逐列扫描查询，有时则要多次扫描。而线反转法则很简单，无论被按键是处于第一列或最后一列，均只需经过两步便能获得此按键所在的行列值，以图 3-1-12 所示的矩阵式键盘为例，介绍线反转法的具体步骤。

第一步：让行线编程为输入线，列线编程为输出线，并使输出线输出为全低电平，则行线中电平由高变低的所在行为按键所在行。

第二步：再把行线编程为输出线，列线编程为输入线，并使输出线输出为全低电平，则列线中电平由高变低所在列为按键所在列。

假设键 3 被按下，分析按键扫描的具体流程：

第一步：P1.0~P1.3 输出全为 0，然后，读入 P1.4~P1.7 线的状态，结果 P1.7=0，而 P1.4~P1.6 均为 1，因此，第 4 列出现电平的变化，说明第 4 列有键按下；

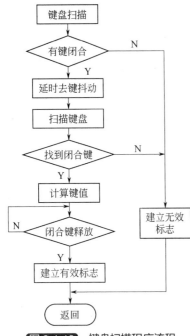

图 3-1-13 键盘扫描程序流程

第二步，让 P1.4～P1.7 输出全为 0，然后，读入 P1.0～P1.3 位，结果 P1.0=0，而 P1.1～P1.3 均为 1，因此第 1 行出现电平的变化，说明第 1 行有键按下。

综上所述，即第 1 行、第 4 列按键被按下，此按键即键 3。线反转法简单适用，但不要忘记进行按键去抖动处理。

3.1.3 人机交互模块单元任务

3.1.3.1 单元子任务 1-1：LCD 显示中英文

（1）单元子任务目标

开发板带字库的 128×64 LCD 液晶模块与 MCU 之间采用串行接口，任务要求实现：

① 在指定行列汉字显示；

② 在指定行列字符串显示；

③ 在指定行列长整型数据显示；

④ 在指定行列浮点数显示。

（2）硬件资源及 I/O 分配

开发板中关于 LCD 模块的原理图见图 3-1-14。

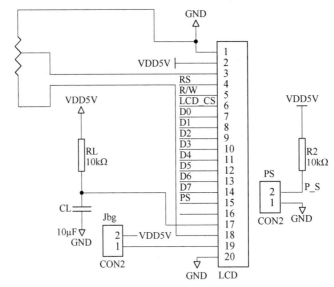

图 3-1-14 LCD 模块原理图

引脚资源分配见表 3-1-7。

表 3-1-7 LCD 模块引脚资源分配

器件	器件引脚	单片机引脚	功能
LCD	RS(CS)	P2.4	串行的片选信号
LCD	R/W(SID)	P2.5	串行的数据口
LCD	E(CLK)	P2.6	串行的同步时钟

（3）串行模式下 LCD 显示库函数

① Slcd.h 文件。

```
/*********************************************************************
* 文件名   : Slcd.h
* 内容简述:   带字库的 12864LCD 头文件,采用串行数据传输模式。
* 引脚配置:   CS_lcd =P2^4;        //片选信号
            SID_lcd=P2^5;        //数据信号
            SCLK_lcd=P2^6;       //时钟信号
* 版本号  : V1.0          创建日期: 2015-04-12
*********************************************************************/
#ifndef _Slcd_h
#define _Slcd_h
/* 头文件------------------------------------------------------------*/
#include <STC12C5A60S2.h>
#include <intrins.h>
/* 变量--------------------------------------------------------------*/
#define                                                          NOP()
_nop_();_nop_();_nop_();_nop_();_nop_();_nop_();_nop_();_nop_();\
_nop_();_nop_();_nop_();_nop_();_nop_();_nop_();_nop_()//1T 单片机使用的延时
sbit CS_lcd=P2^4;                //片选信号
sbit SID_lcd=P2^5;               //数据信号
sbit SCLK_lcd=P2^6;              //时钟信号
/*函数--------------------------------------------------------------*/
void LCD12864_Sinit(void);        /*液晶 LCD12864 初始化*/
void LCD12864_Clear(void);        /*LCD12864 清屏*/
void LCD12864_WriteByte(bit R_S,unsigned char idata com);
                            /*向 LCD12864 写入一个指令或者数据*/
/*在 12864 第 hang 行第 lie 列开始显示*s 字符串 */
void LCD12864_str(unsigned char idata hang,unsigned char idata lie,unsigned char *s);
/*在 1602 第 hang 行第 lie 列开始显示*s 汉字*/
void LCD12864_Chinese(unsigned char idata hang,unsigned char idata lie,unsigned char *s);
/*在 12864 第 hang 行第 lie 列开始显示 long 数据 */
void LCD12864_Long(unsigned char idata hang,unsigned char idata lie,long idata dws);
/*在 12864 第 hang 行第 lie 列开始显示 Float 数据 */
void LCD12864_Float(unsigned char idata hang,unsigned char idata lie,float idata ft);
/*在 12864 第 hang 行第 lie 列开始显示 unsigned int 数据 */
void LCD12864_Uint(unsigned char idata hang,unsigned char idata lie,unsigned int idata zs);
/*在 12864 第 hang 行第 lie 列开始显示 unsigned char 数据 */
void LCD12864_Uchar(unsigned char idata hang,unsigned char idata lie,unsigned char idata zs);
#endif
```

② Slcd.c 文件。

```
/*********************************************************************
* 文件名   : Slcd.c
* 内容简述:   带字库的 12864LCD 相关函数,采用串行数据传输模式。
* 引脚配置:   CS_lcd =P2^4;        //片选信号
            SID_lcd=P2^5;        //数据信号
            SCLK_lcd=P2^6;       //时钟信号
* 版本号  : V1.0          创建日期: 2015-04-12
*********************************************************************/
/* 头文件------------------------------------------------------------*/
#include "Slcd.h"
```

```
/*私有变量，函数声明--------------------------------------------------------------------*/
void Delay_nus( unsigned int us );
void Delay_nms( unsigned int ms );
/***************************************************************************
* 名    称: void write_byte(unsigned char idata date)
* 功    能: 写一个字节
* 入口参数: unsigned char idata date
* 出口参数: 无
* 说    明:
***************************************************************************/
void write_byte(unsigned char idata date)
{
    unsigned char idata i;
    for(i=0;i<8;i++)
    {
        SCLK_lcd = 1;                  //一个高脉冲
        NOP();NOP();
        date<<=1;                      //高位先发送  延时一下
        SID_lcd = CY;                  //把数据给数据口
        NOP();NOP();
        SCLK_lcd = 0;                  //下降沿读走数据
        NOP();NOP();
    }
}
/***************************************************************************
* 名    称: unsigned char read_byte()
* 功    能: 从 LCD 读出一个字节
* 入口参数: 无
* 出口参数: unsigned char
* 说    明: 该字节高四位是第一个字节 temp1 高四位,低四位是 temp2 的高四位
***************************************************************************/
unsigned char read_byte()
{
    unsigned char idata i,temp1,temp2;
    for(i=0;i<8;i++)                       //第一个字节中是读取数据的高四位
    {
        temp1<<=1;
        SCLK_lcd= 1;                       //脉冲 上升沿输出数据
        NOP();NOP();
        if(SID_lcd)    {temp1++;}          //如果数据是 1 则最低位置一
        NOP();NOP();
        SCLK_lcd= 0;
        NOP();NOP();
    }
    for(i=0;i<8;i++)                       //第二个字节中是读取数据的低四位
    {
        temp2<<=1;
        SCLK_lcd= 1;                       //脉冲 上升沿输出数据
        NOP();NOP();
        if(SID_lcd)    {temp2++;}          //如果数据是 1 则最低位置一
        NOP();NOP();
        SCLK_lcd= 0;
        NOP();NOP();
```

```
    }
    return((temp1&0xf0)|(0x0f&(temp2>>4)));
}
/*********************************************************************
* 名    称: void check_busy()
* 功    能: LCD 忙检测
* 入口参数: 无
* 出口参数: 无
* 说    明:
*********************************************************************/
void check_busy()
{
    unsigned char idata sbuff;
    do
    {
        CS_lcd = 1;                   //使能液晶
        write_byte(0xfc);             //1111 1 RW RS 0 读指令 RW=1;RS=0
        sbuff=read_byte();
        CS_lcd = 0;                   //关闭使能
    }while(sbuff&0x80);
}
/*********************************************************************
* 名    称: void LCD12864_WriteByte(bit C_D,unsigned char idata date)
* 功    能: 向 LCD12864 写一个字节数据或指令
* 入口参数: bit C_D,unsigned char idata date
* 出口参数: 无
* 说    明:
*********************************************************************/
void LCD12864_WriteByte(bit C_D,unsigned char idata date)
{
    check_busy();                     //读忙
    CS_lcd = 1;                       //使能液晶
    if(C_D)                           //C_D 为 1 时写数据
        {write_byte(0xfa);}              //1111 1010
    else
        {write_byte(0xf8);}           //C_D 为 0 时写指令//1111 1000
    write_byte(0xf0&date);            //写数据的高四位
    write_byte(0xf0&(date<<4));       //写数据的低四位
    CS_lcd = 0;                       //关闭使能
    check_busy();                     //写完直接查忙 不容易出错 特别对 1T 单片机来说
}
/*********************************************************************
* 名    称: void LCD12864_Sinit()
* 功    能: LCD12864 初始化
* 入口参数: 无
* 出口参数: 无
* 说    明: 液晶 LCD12864 初始化,PSB 串并选择引脚硬件连接至地, 选择串行模式
*********************************************************************/
void LCD12864_Sinit()
{
    unsigned int i;
    CS_lcd=0;
    SID_lcd=0;
```

```
    SCLK_lcd=0;
    for(i=10000;i>0;i--);                    //液晶复位延时一下
    LCD12864_WriteByte(0,0x30);
    LCD12864_WriteByte(0,0x01);
    LCD12864_WriteByte(0,0x02);
    LCD12864_WriteByte(0,0x06);
    LCD12864_WriteByte(0,0x0c);
    LCD12864_WriteByte(0,0x30);
}
/*******************************************************************
* 名    称: void LCD12864_Clear()
* 功    能: LCD12864 清屏
* 入口参数: 无
* 出口参数: 无
* 说    明: 如果清屏后延时时间过短, 则 lcd 显示不正常
*******************************************************************/
void LCD12864_Clear()
{
    LCD12864_WriteByte(0,0x01);              //清屏指令
    Delay_nms(200);                          //延时
}
/*******************************************************************
* 名    称: void LCD12864_str(unsigned char idata hang,unsigned char idata
lie,unsigned char *s)
* 功    能: 在 LCD12864 的指定行列位置显示一个字符串
* 入口参数: unsigned char idata hang,unsigned char idata lie,unsigned char *s
* 出口参数: 无
* 说    明: LCD12864 共有 4 行, 每行 16 个字符位置, 在第 hang 行第 lie 列开始显示*s 字符串
*******************************************************************/
void LCD12864_str(unsigned char idata hang,unsigned char idata lie,unsigned char *s)
{
    unsigned char idata add,i;
    switch (hang)
    {
        case 1:add=0x80;break;
        case 2:add=0x90;break;
        case 3:add=0x88;break;
        case 4:add=0x98;break;
        default:return;break;
    }
    if(lie>16)  {return; }
    LCD12864_WriteByte(0,add+((lie+1)/2)-1);      //液晶一行中只有八个地址可是显示
                                                    字符可以有 16 个
    if((lie%2)= =0) {LCD12864_WriteByte(1,' ');}  //判断是否为偶数列 若是则要先写
                                                    一个"20H"
    for(i=1;;i++)
    {
        LCD12864_WriteByte(1,*s++);
        if((lie+i>16)||(*s= ='\0'))  {break;}     //判断这行是否写满或者字符串结束
    }
}
/*******************************************************************
* 名    称: void LCD12864_Chinese(unsigned char idata hang,unsigned char idata
```

```
lie,unsigned char  *s)
* 功    能: 在 LCD12864 的指定行列位置显示一个 汉字的字符串
* 入口参数: unsigned char idata hang,unsigned char idata lie,unsigned char  *s
* 出口参数: 无
* 说    明: LCD12864 共有 4 行, 每行 8 个汉字, 一个汉字占两个字符位置。在第 hang 行第 lie 列开
始显示*s 汉字
***************************************************************************/
void LCD12864_Chinese(unsigned char idata hang,unsigned char idata lie,unsigned
char  *s)
{
    unsigned char idata add,i=0;
    switch (hang)
    {
        case 1:add=0x80;break;
        case 2:add=0x90;break;
        case 3:add=0x88;break;
        case 4:add=0x98;break;
        default:return;break;
    }
    if(lie>8) {return;}
    LCD12864_WriteByte(0,add+lie-1);                //选择显示的地址
    for(i=1;;i++)
    {
        LCD12864_WriteByte(1,*s++);                 //一个汉字有两个字节
        LCD12864_WriteByte(1,*s++);
        if((lie+i>8)||(*s= ='\0'))  {break;}        //判断这行是否写满或者字符串结束
    }
}
/***************************************************************************
* 名    称: void LCD12864_Long(unsigned char idata hang,unsigned char idata lie,long
idata dws)
* 功    能: 在 LCD12864 的指定行列位置显示一个长整型数据
* 入口参数: unsigned char idata hang,unsigned char idata lie,long idata dws
* 出口参数: 无
* 说    明: 在 LCD12864 第 hang 行第 lie 列开始显示 long 数据
***************************************************************************/
void LCD12864_Long(unsigned char idata hang,unsigned char idata lie,long idata dws)

{
    long idata cs=dws;
    unsigned char sz1[11]={0x20,0x20,0x20,0x20,0x20,0x20,0x20,0x20,0x20,0x20,'\0'},i=0;
    for(;;i++)
    {
        if(cs/10= =0){break;}
        cs=cs/10;
    }
    for(;i>=0;i--)
    {
        sz1[i]=dws%10+0x30;
        if(dws/10= =0){break;}
        dws=dws/10;
    }
    LCD12864_str( hang,lie,sz1);
```

```
}
/********************************************************************
*  名        称：void LCD12864_Float(unsigned char idata hang,unsigned char idata
lie,float idata ft)
*  功        能：在 LCD12864 的指定行列位置显示一个 float 型数据。
*  入口参数：unsigned char idata hang,unsigned char idata lie,float idata ft
*  出口参数：无
*  说        明：在 LCD12864 第 hang 行第 lie 列开始显示 float 数据
********************************************************************/
void LCD12864_Float(unsigned char idata hang,unsigned char idata lie,float idata ft)
{
    unsigned char idata sz[13],i=0;//12
    long idata dd,ff;
    if(ft<1.0)
    {
        sz[0]='0';
        sz[1]='.';
        dd=(long)(ft*1000);
        sz[2]=dd/100+0x30;
        sz[3]=dd%100/10+0x30;
        sz[4]=dd%10+0x30;
        sz[5]='\0';
    }
    else
    {
        dd=(long)ft;
        ff=dd;
        for(i=0;;i++)
        {
            if(dd/10= =0){break;}
            dd=dd/10;
        }
        sz[i+1]='.';
        dd=(long)(ft*1000)%1000;
        sz[i+2]=dd/100+0x30;
        sz[i+3]=dd%100/10+0x30;
        sz[i+4]=dd%10+0x30;
        sz[i+5]=' ';
        sz[i+6]='\0';
        for(;;i--)
        {
            sz[i]=ff%10+0x30;
            if(ff/10= =0) break;
            ff=ff/10;
        }
    }
    LCD12864_str(hang,lie,sz);
}
/********************************************************************
*  名        称：void LCD12864_Uint(unsigned char idata hang, unsigned char idata lie,
unsigned int idata zs)
```

```
 *  功      能：在 LCD12864 的指定行列位置显示一个无符号整型数据。
 *  入口参数: unsigned char idata hang, unsigned char idata lie, unsigned int idata zs
 *  出口参数: 无
 *  说      明: 在 LCD12864 第 hang 行第 lie 列开始显示 unsigned int 数据
 ********************************************************************/
void LCD12864_Uint(unsigned char idata hang, unsigned char idata lie, unsigned int idata zs)
{
    unsigned char idata sz[6]={0x20,0x20,0x20,0x20,0x20,'\0'},i=0;
    unsigned int idata cs=zs;
    for(;;i++)
    {
        if(cs/10= =0) {break;}
        cs=cs/10;
    }
    for(;;i--)
    {
        sz[i]=zs%10+'0';
        if(zs/10= =0) {break;}
        zs=zs/10;
    }
    LCD12864_str( hang,lie,sz);
}
/********************************************************************
 *  名      称: void LCD12864_Uchar(unsigned char idata hang,unsigned char idata
lie,unsigned char idata zs)
 *  功      能: 在 LCD12864 的指定行列位置显示一个无符号 char 型数据
 *  入口参数: unsigned char idata hang,unsigned char idata lie,unsigned char idata zs
 *  出口参数: 无
 *  说      明: 在 LCD12864 第 hang 行第 lie 列开始显示 unsigned char 数据
 ********************************************************************/
void LCD12864_Uchar(unsigned char idata hang,unsigned char idata lie,unsigned char idata zs)
{
    unsigned char idata sz[4]={0x20,0x20,0x20,'\0'},i=0;
    unsigned int idata cs=zs;
    for(;;i++)
    {
        if(cs/10= =0) {break;}
        cs=cs/10;
    }
    for(;;i--)
    {
        sz[i]=zs%10+'0';
        if(zs/10= =0) {break;}
        zs=zs/10;
    }
    LCD12864_str( hang,lie,sz);
}
/********************************************************************
 *  名      称: void Delay_nus( unsigned int idata us )
 *  功      能: 延时一个 us 量级时间
 *  入口参数: unsigned int idata us
```

```
* 出口参数: 无
* 说    明: 不精确的延时, 对于 STC12 单片机, 执行一次不到 1us
***********************************************************/
void Delay_nus( unsigned int idata us )
{
    while( us-- );
}
/***********************************************************
* 名    称: void Delay_nms( unsigned int idata ms )
* 功    能: 延时一个 ms 量级时间
* 入口参数: unsigned int idata ms
* 出口参数: 无
* 说    明: 不精确的延时, 对于 STC12 单片机, 执行一次不到 1ms
***********************************************************/
void Delay_nms( unsigned int idata ms )
{
    while(ms--) {Delay_nus(1000); }
}
/*******************************************/
```

（4）C51 程序

```
/***********************************************************
* 文件名  : 1-1-LCD-C51.c
* 内容简述:    本例程完成 基于开发板的带字库 LCD 显示, 在 128×64 液晶上显示汉字,
              字符串, 长整型以及浮点数。液晶采用串行数据传输模式。
*引脚配置:    CS_lcd =P2^4;              //片选信号
             SID_lcd=P2^5;              //数据信号
             SCLK_lcd=P2^6;             //时钟信号
* 版本号  : V1.0          创建日期: 2015-04-12
***********************************************************/
/* Includes ------------------------------------------------------------*/
#include <STC12C5A60S2.h>
#include "Slcd.h"
/***********************************************************
* 名    称: void main(void)
* 功    能: 主函数
* 入口参数: 无
* 出口参数: 无
* 说    明:
***********************************************************/
void main()
{
    LCD12864_Sinit();               //LCD 初始化
    LCD12864_Clear();               //LCD 清屏
    while(1)
    {
        LCD12864_Chinese(1,1,"液晶显示测试");
        LCD12864_str(2,1,"Hello world!");
        LCD12864_Uint(3,1,1234);
        LCD12864_Long(3,8,12345678);
        LCD12864_Float(4,1,1.23);
    }
}
```

3.1.3.2 单元子任务 1-2：独立式按键应用

（1）单元子任务目标

该子任务实现按键控制 LED 灯的功能。K1 对应 LED1，K2 对应 LED2，K3 对应 LED3。每按一次按键，在按键松开时，对应的 LED 的亮灭状态取反。

该子任务可以在开发板上实现，也可以在 Proteus 环境下仿真。在 Proteus 环境下，单片机需要采用 AT89C51 代替。注意由于单片机的不同，在执行软件延时程序时，实际的延时时间也不同。

（2）硬件资源及 I/O 分配

开发板中关于按键与 LED 模块的原理图如图 3-1-15 所示。

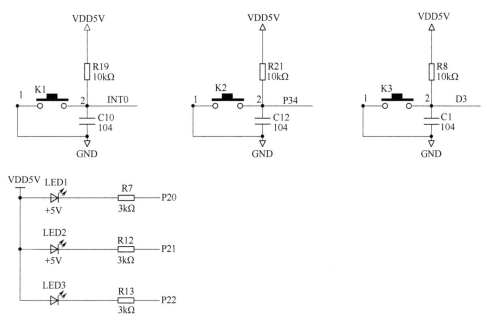

图 3-1-15 按键与 LED 原理图

引脚资源分配如表 3-1-8 所示。

表 3-1-8 按键与 LED 引脚资源分配

器件	器件引脚	单片机引脚	功能
按键 K1	K1	P3.2	输入控制信息
按键 K2	K2	P3.4	输入控制信息
按键 K3	K3	P0.3	输入控制信息
LED1	LED1	P2.0	控制 LED1 亮灭
LED2	LED2	P2.1	控制 LED2 亮灭
LED3	LED3	P2.2	控制 LED3 亮灭

（3）软件流程分析

软件流程图如图 3-3-16 所示。

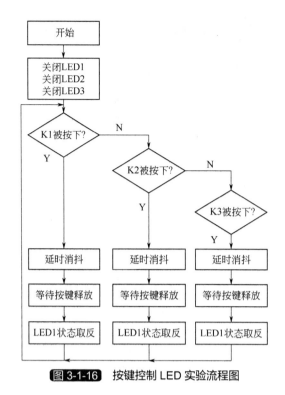

图 3-1-16　按键控制 LED 实验流程图

（4）汇编程序

根据流程图编写汇编程序代码如下：

```
        ORG     0000H
        AJMP    MAIN
        ORG     0030H
MAIN:   SETB    P2.0            ;关闭 LED1，LED2，LED3
        SETB    P2.1
        SETB    P2.2
LOOP:   JNB     P3.2,K1         ;如果 P3.2 为低电平，则跳转到 K1 处理程序
        JNB     P3.4,K2         ;如果 P3.4 为低电平，则跳转到 K2 处理程序
        JNB     P0.3,K3         ;如果 P0.3 为低电平，则跳转到 K3 处理程序
        AJMP    LOOP
K1:     ACALL   DELAY           ;消抖
        JB      P3.2,K1_END     ;如果是抖动，则跳转至 K1_END
WAIT1:  JNB     P3.2,WAIT1      ;等待按键释放
        CPL     P2.0            ;点亮 LED1
K1_END: AJMP    LOOP            ;继续扫描按键
K2:     ACALL   DELAY
        JB      P3.4,K2_END
WAIT2:  JNB     P3.4,WAIT2
        CPL     P2.1
K2_END: AJMP    LOOP
K3:     ACALL   DELAY
        JB      P0.3,K3_END
WAIT3:  JNB     P0.3,WAIT3
        CPL     P2.2
K3_END: AJMP    LOOP
DELAY:  MOV 30H,#9              ;延时子程序，不太准确
```

```
        MOV   31H,#244
NEXT:   DJNZ  31H,NEXT
        DJNZ  30H,NEXT
        RET
        END
```

（5）C51 程序

根据流程图编写 C51 程序代码如下：

```
/*************************************************************
* 文件名  : 1-2-Key-C51.c
* 内容简述:本例程完成按键控制 LED 灯的功能。K1 对应 LED1，K2 对应 LED2，K3 对应 LED3
            每按一次按键，在按键松开时，对应的 LED 的亮灭状态取反。
*引脚配置:      LED1 = P2^0; LED2 = P2^1; LED3 = P2^2; K1 = P3^2; K2 = P3^4; K3 = P0^3;
* 版本号 : V1.0         创建日期: 2015-04-12
*************************************************************/
/* Includes ------------------------------------------------*/
#include <STC12C5A60S2.h>
/* 全局变量及函数声明----------------------------------------*/
void Delay5ms();
sbit LED1 = P2^0;
sbit LED2 = P2^1;
sbit LED3 = P2^2;
sbit K1 = P3^2;
sbit K2 = P3^4;
sbit K3 = P0^3;
/*************************************************************
* 名      称: void main(void)
* 功      能:主函数
* 入口参数:无
* 出口参数:无
* 说      明:按键松开时，LED 才动作
*************************************************************/
void main()
{
    LED1 = 1;                    //LED 低电平有效，默认状态先关掉 LED
    LED2 = 1;
    LED3 = 1;
    while(1)
    {
        if(K1 = = 0)             //如果有按键按下
        {
            Delay5ms();          //延时一段时间
            if(K1 = = 0)         //确认按键按下
            {
                while(!K1);      //等待按键松开
                LED1 = !LED1;    //LED 状态取反
            }
        }
        if(K2 = = 0)
        {
            Delay5ms();
            if(K2 = = 0)
```

```
        {
            while(!K2);
            LED2 = !LED2;
        }
    }
    if(K3 = = 0)
    {
        Delay5ms();
        if(K3 = = 0)
        {
            while(!K3);
            LED3 = !LED3;
        }
    }
    }
}
/*******************************************************************
* 名    称: void Delay5ms()
* 功    能: 延时 5ms
* 入口参数: 无
* 出口参数: 无
* 说    明: 本函数的延时参数是针对 11.0592M 频率下的普通 12T 片机。在 proteus 进行仿真时使用。
            如果使用 STC12 系列 1T 单片机,则延时时间要短很多。
*******************************************************************/
void Delay5ms()
{
    unsigned char i, j;
    i = 9;
    j = 244;
    do
    {
        while (--j);
    } while (--i);
}
```

3.1.3.3 单元子任务 1-3: 4×4 键盘识别

(1)单元子任务目标

该子任务目标是在 Proteus 仿真环境下,读取 4×4 键盘键值并用 BCD 数码管显示键值。

(2)硬件资源及 I/O 分配

基于 Proteus 绘制原理图如图 3-1-17 所示。引脚资源分配如表 3-1-9 所示。

表 3-1-9 4×4 键盘识别实验引脚资源分配

器件	器件引脚	单片机引脚	功能
按键	K0-K15	P1	按键信息输入
BCD 数码管 1		P2.3-P2.0	键值低位显示
BCD 数码管 2		P2.7-P2.4	键值高位显示

(3)软件流程分析

软件流程图如图 3-1-18 所示。

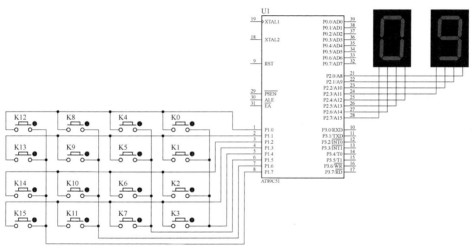

图 3-1-17 4×4 键盘识别原理图

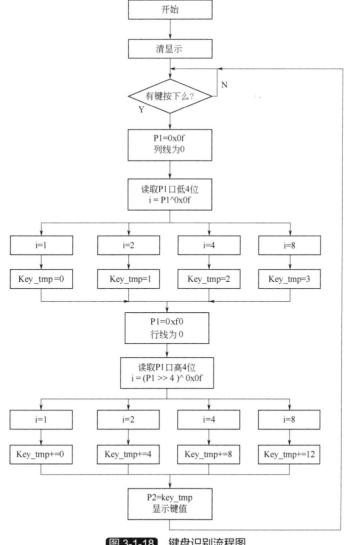

图 3-1-18 键盘识别流程图

（4）C51 程序

```
/*******************************************************************
* 文件名  ：1-3-Key-C51.c
* 内容简述：本例程完成键盘识别功能。本例程只能进行 proteus 仿真，仿真时单片机选用
            AT89C51 代替 STC12C5A60S2。
*引脚配置：P1 口接键盘
           P2 口接两个显示 BCD 码的数码管
* 版本号  ：V1.0          创建日期：2015-04-12
*******************************************************************/
/* Includes -----------------------------------------------------*/
#include <STC12C5A60S2.h>
/* 全局变量及函数说明---------------------------------------------*/
unsigned char Key_no=0;
unsigned char Key_Scan(void);
void Delay(unsigned int x);
/*******************************************************************
* 名    称：void main(void)
* 功    能：主函数
* 入口参数：无
* 出口参数：无
* 说    明：
*******************************************************************/
void main()
{
    P2 = 0x00;                    //显示清 0
    while(1)
    {
        P1 = 0xf0;
        if(P1 != 0xf0)            //是否有键按下，如果有，进入键盘识别程序
        {
            Key_no=Key_Scan();
        }
        P2=Key_no;
        Delay(100);
    }
}
/*******************************************************************
* 名    称：unsigned char Key_Scan(void)
* 功    能：键盘扫描，返回键值
* 入口参数：无
* 出口参数：unsigned char
* 说    明：采用线反转法
*******************************************************************/
unsigned char Key_Scan(void)
{
    unsigned char i;
    unsigned char key_tmp=0;
    P1 = 0x0f;
    Delay(1);
    i = P1^0x0f;
    switch(i)
    {
        case 1: key_tmp = 0;break;
```

```
        case 2: key_tmp = 1;break;
        case 4: key_tmp = 2;break;
        case 8: key_tmp = 3;break;
        default: key_tmp = 16;
    }
    P1 = 0xf0;
    Delay(1);
    i = (P1 >> 4 )^ 0x0f;
  switch(i)
    {
        case 1: key_tmp += 0;break;
        case 2: key_tmp += 4;break;
        case 4: key_tmp += 8;break;
        case 8: key_tmp += 12;break;
    }
    return key_tmp;
}
/********************************************************************
* 名     称：void Delay(unsigned int x)
* 功     能：延时一段时间
* 入口参数：unsigned int x
* 出口参数：无
* 说     明：不精确延时
********************************************************************/
void Delay(unsigned int x)
{
  unsigned char i;
    while(x--)
    {
        for(i = 0;i < 120;i++);
    }
}
```

3.2　单元任务2：安全红外检测模块

★ 任务目标：

① 学习单片机中断系统结构与原理。

② 了解人体红外传感器（PIR）模块原理。

③ 完成单元子任务2-1：LED灯控制。

④ 完成单元子任务2-2：人体红外报警模块模块应用。

3.2.1　中断系统结构与原理

3.2.1.1　中断概述

对初学者来说，中断这个概念比较抽象，其实单片机的处理系统与人的一般思维有着许多相似之处。假如你正在上班编译资料，这时电话铃响了，你在书本上做个记号（以记下你现在正编译到某某页），然后与对方通电话，而此时恰好有客人到访，你先停下通电话，与客人说几句话，叫客人稍候，然后回头继续通完电话，再与客人谈话。谈话完毕，送走客人，继续你的资料编译工作。

同样的处理方法上升到计算机理论，就是一个资源面对多项任务的处理方式，由于资源有限，面对多项任务同时要处理时，就会出现资源竞争的现象。中断技术就是解决资源竞争的一个方法。随着计算机软硬件技术的发展，中断技术也在不断发展之中，中断已成为评价计算机整体性能的一项重要指标。为了满足上述各种情况下的中断要求，中断系统一般应具有如下功能。

（1）实现中断及返回

当某一中断源发出中断申请时，若 MCU 允许响应这个中断请求，则 MCU 在现行指令执行完后，把断点处的 PC 值（即下一条要执行指令的地址）、有关寄存器的内容和标志位的状态推入堆栈保存下来（称为保护断点和现场），然后转到相应的中断服务程序的入口，同时清除中断请求触发器。当中断服务程序执行完以后，再恢复被保留的寄存器的内容和标志位的状态（称为恢复现场），并将断点地址从堆栈中弹出到 PC（称为恢复断点），使 MCU 返回断点处，继续执行主程序。这一过程如图 3-2-1 所示。

（2）实现中断优先权排队

用户事先根据事件处理的紧迫性和实时性给各中断源规定了优先级别，即规定了中断源享有的先后不同的响应权利，称为中断优先权。MCU 按中断优先权的高低逐次响应中断的过程称为中断优先权排队。当有两个或多个中断源同时提出中断请求时，MCU 能识别出优先权高的中断源，并响应它的中断请求，待处理完后，再响应优先权低的中断源。

（3）实现中断嵌套

当 MCU 响应某一中断源请求而进行中断处理时，若有优先级别更高的中断源发出中断申请，则 MCU 应能中断正在执行的中断服务程序，保留这个程序的断点（类似于子程序嵌套），响应优先权级别高的中断，在高级中断处理完后，再返回被中断的中断服务程序，继续原先的处理。这个过程就是中断嵌套。优先权低的中断不能中断优先权高的中断处理。中断嵌套示意图如图 3-2-2 所示。

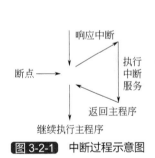

图 3-2-1　中断过程示意图

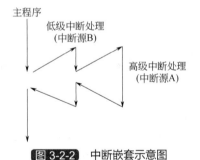

图 3-2-2　中断嵌套示意图

3.2.1.2　MCS-51 中断系统结构

MCS-51 中断结构包括特殊功能寄存器 TCON 和 SCON 中的相关位、中断允许控制寄存器 IE 以及中断优先级控制寄存器 IP。中断系统具有两个中断优先级，可实现两级中断嵌套。中断源的排列顺序由中断优先级控制寄存器 IP 和顺序查询逻辑电路共同决定。每个中断源有固定的中断入口地址。MCS-51 的中断系统结构如图 3-2-3 所示。

（1）中断源

MCS-51 有三类共五个中断源：两个外部中断、两个定时中断、一个串行中断。

① 外部中断　外部中断是由外部原因引起的，有外部中断 0 和外部中断 1 两个中断源，中断请求信号分别由引脚 INT0（P3.2）和 INT1（P3.3）引入。

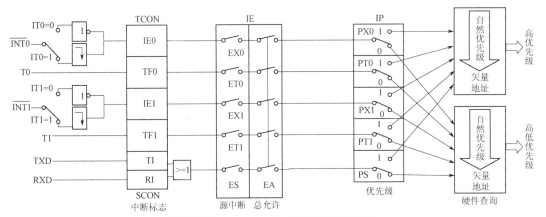

图 3-2-3 MCS-51 的中断系统结构示意图

② 定时中断 单片机有两个定时/计数器，以对其中的计数结构进行计数的方法，来实现定时或计数功能。当计数结构发生计数溢出时，即表明定时时间到或计数值已满，这时就以计数溢出信号作为中断请求，去置位一个溢出标志位，作为向 MCU 申请中断请求的标志。

③ 串行中断 串行中断是为串行数据传送的需要而设置的。每当串行口接收或发送完一帧串行数据时，就产生一个中断请求。

（2）中断控制相关寄存器

中断控制是指用户通过设置一些控制寄存器的状态位来使用中断系统。与中断控制有关的寄存器共四个，即中断允许控制寄存器（IE）、中断优先控制寄存器（IP）、定时器控制寄存器（TCON）以及串行口控制寄存器（SCON）。

① 中断允许控制寄存器（IE） IE 的地址为 A8H；位地址为 AFH~A8H；复位值为 00H。寄存器格式：

SFR	Address	Bit	B7	B6	B5	B4	B3	B2	B1	B0
IE	A8H	name	EA			ES	ET1	EX1	ET0	EX0

位功能说明：MCS-51 通过中断允许控制寄存器对中断的允许实行两级控制。以 EA 位作为总控制位，以各中断源的中断允许位作为分控制位。当总控制位为禁止时，不管分控制位状态如何，整个中断系统为禁止状态；当总控制位为允许时，才能由各分控制位设置各自的中断允许与禁止。

EA：中断允许总控制位。

EA=0，中断总禁止。

EA=1，中断总允许。中断的禁止与允许由各中断源的中断允许控制位进行设置。

EX0（EX1）：外部中断允许控制位。

EX0（EX1）=0，禁止外中断。

EX0（EX1）=1，允许外中断。

ET0（ET1）：定时/计数中断允许控制位。

ET0（ET1）=0，禁止定时（或计数）中断。

ET0（ET1）=1，允许定时（或计数)中断。

ES：串行中断允许控制位。

ES=0，禁止串行中断。

ES=1，允许串行中断。

② 中断优先级控制寄存器（IP） IP 寄存器的地址为 B8H；位地址为 B8H～BFH；复位

值为 00H。

寄存器格式：

SFR	Address	Bit	B7	B6	B5	B4	B3	B2	B1	B0
IP	B8H	name				PS	PT1	PX1	PT0	PX0

位功能说明：MCS-51 有两个中断优先级，即高优先级和低优先级，每个中断源都可设置为高或低中断优先级。IP 中某位设为 1，相应的中断就是高优先级，否则就是低优先级。

PS：串行口中断优先级控制位。

PS=0，设定串行口为低优先级中断。

PS=1，为高优先级中断。

PT1：T1 中断优先级控制位。

PT1=0，设定定时器 T1 为低优先级中断。

PT1=1，为高优先级中断。

PX1：外部中断 1 优先级控制位。

PX1=0，设定定时器外部中断 1 为低优先级中断。

PX1=1，为高优先级中断。

PT0：T0 中断优先级控制位。

PT0=0，设定定时器 T0 为低优先级中断。

PT0=1，为高优先级中断。

PX0：外部中断 0 优先级控制位。

PX0=0，设定定时器外部中断 0 为低优先级中断。

PX0=1，为高优先级中断。

③ 定时器控制寄存器（TCON） TCON 寄存器的地址为 88H；位地址为 88H~8FH；复位值为 00H。

寄存器格式：

SFR	Address	Bit	B7	B6	B5	B4	B3	B2	B1	B0
TCON	88H	name	TF1	TR1	TF0	TR0	IE1	IT1	IE0	IT0

位功能说明：TCON 的作用是控制定时器的启、停，标志定时器溢出和中断情况。

TF0（TF1）：计数溢出标志位。

当计数器计数溢出时，该位置 1。当转向中断服务时，标志位硬件自动清 0。计数溢出的标志位的使用有两种情况：采用中断方式时，作中断请求标志位来使用；采用查询方式时，作查询状态位来使用。

TR0（TR1）：定时器运行控制位。

TR0（TR1）=0，停止定时/计数器工作。

TR0（TR1）=1，启动定时/计数器工作。

IE0（IE1）：外中断请求标志位。

当 CPU 采样到 P3.2（P3.3）出现有效中断请求时，此位由硬件置 1。在中断响应完成后转向中断服务时，再由硬件自动清 0。

IT0（IT1）：外中断请求信号方式控制位。

此位由软件置 1 或清 0。

IT0（IT1）=1，脉冲方式（下降沿有效）。

IT0（IT1）=0，电平方式（低电平有效）。

④ 串行口控制寄存器（SCON） SCON 的寄存器地址为 98H；位地址为 98H~9FH；复位值为 00H。

寄存器格式：

SFR	Address	Bit	B7	B6	B5	B4	B3	B2	B1	B0
SCON	98H	name	SM0	SM1	SM2	REN	TB8	RB8	TI	RI

位功能说明：用于控制串行通信的方式选择、接收和发送，指示串口的状态。其中与中断系统相关的是 TI、RI 两个标志位。在串口中断处理时，TI，RI 都需要软件清 0，硬件置位后不可能自动清 0。其他位功能在串行口单元详细介绍。

TI：发送中断标志位。

方式 0 时，发送完第 8 位数据后，由硬件置位。其他方式下，在发送或停止位之前由硬件置位，因此，TI=1 表示帧发送结束，TI 可由软件清 0。

RI：接收中断标志位。

方式 0 时，接收完第 8 位数据后，该位由硬件置位。其他方式下，该位由硬件置位，RI=1 表示帧接收完成。

（3）中断优先级结构

关于中断优先级的理解，与人们生活中去医院看病的情况类似。看病分为普通挂号、急诊号、特级抢救号。现在医院只有一个医生，正常情况下医生按序号依次诊断普通挂号的病人，当有急诊号的病人时，医生就停止诊断普通挂号的病人，去诊断急诊号病人，正在给急诊号病人做手术的时候来了一个特级抢救号，医生马上停止了对急诊号病人的抢救，赶去抢救特级抢救号的病人，当抢救完特级抢救号病人以后，医生就回到急诊号病人的手术室，继续给他做手术。把急诊号病人的手术做完以后，医生再回到自己的办公室诊断普通挂号的病人。

MCS-51 中断系统具有两级优先级（由 IP 寄存器把各个中断源的优先级分为高优先级和低优先级），正在执行低优先级中断的服务程序时，可被高优先级中断请求所中断，待高优先级中断处理完毕后，再返回低优先级中断服务程序。多个中断源同时产生中断信号时，CPU查询各个中断标志位的时候，会依照表 3-2-1 中 5 个查询优先级顺序依次查询，称为优先权。

表 3-2-1　中断优先级

中断源	同级内的中断优先级
外部中断 0 定时/计数器 0 溢出中断 外部中断 1 定时/计数器 1 溢出中断 串行口中断	最高 ↓ 最低

而中断的执行优先级就是对 IP 寄存器的设置。关于中断优先级的原则有：

① 多个中断同时发生，则高优先级的中断先执行。

② 多个中断同时发生，则同一优先级中优先权靠前的先执行。

③ 低优先级的中断在执行时，高优先级的中断可以中断低优先级的中断程序。

④ 低优先权的中断在执行时，同一优先级中高优先权的中断不能中断低优先权的中断程序。

（4）中断触发方式

MCS-51 中断系统具有两种触发方式：电平触发方式和边沿触发方式。

① 电平触发方式　外部中断申请触发器的状态随着 MCU 在每个机器周期采样到的外部

中断输入引脚的电平变化而变化。在中断服务程序返回之前，外中断请求输入必须无效（即外部中断请求输入已由低电平变为高电平），否则会再次响应中断。所以本方式适合于外部中断以低电平输入且中断服务程序能清除外部中断请求源（即外中断输入电平又变为高电平）的情况。

② 边沿触发方式 外部中断申请触发器能锁存外部中断输入线上的负跳变。即使不能响应，中断请求标志不丢失。MCU 相继连续两次采样，一个机器周期为高，下一个机器周期采样为低，则中断请求标志位置 1，直到响应此中断时，标志位才清 0。需要注意输入的负脉冲宽度至少保持 12 个时钟周期，才能被采样到。这种方式适合于以负脉冲形式输入的外部中断请求。

3.2.1.3 中断程序设计

（1）中断初始化

中断初始化实质上就是对 4 个与中断有关的特殊功能寄存器 TCON、SCON、IE 和 IP 进行管理和控制，具体过程如下：

① CPU 的开、关中断（即全局中断允许控制位的打开与关闭，EA=1 或 EA=0）；

② 具体中断源中断请求的允许和禁止（屏蔽）；

③ 各中断源优先级别的控制；

④ 外部中断请求触发方式的设定。

中断管理和控制（中断初始化）程序一般都包含在主函数中，也可单独写成一个初始化函数，根据需要通常只需几条赋值语句即可完成。中断服务程序是一种具有特定功能的独立程序段，往往写成一个独立函数，函数内容可根据中断源的要求进行编写。

例如：请写出 $\overline{INT1}$ 为低电平触发的中断系统初始化程序。

解：① 采用位操作指令。

```
SETB    EA
SETB    EX1
SETB    PX1
CLR     IT1
```

② 采用字节型指令。

```
MOV    IE, #84H
ORL    IP, #04H
ANL    TCON, #0FBH
```

③ 采用 C51。

```
EA = 1;          //开总中断
EX1 = 1;         //开外部中断1
PX1 = 1;         //外部中断1设置为高优先级
IT1 = 0;         //选择电平负跳变触发方式
```

显然，采用位操作指令进行中断系统初始化是比较简单的，因为用户不必记住各控制位寄存器中的确切位置，而各控制位名称是比较容易记忆的。

（2）C51 中断服务程序

C51 的中断服务程序（函数）的格式如下：

```
void  中断处理程序函数名( )  interrupt  中断序号  using 工作寄存器组编号
{
    中断处理程序内容;
}
```

中断处理程序函数不会返回任何值，故其函数类型为 void，然后是中断处理程序的函数名，函数名可以任意起，只要合乎 C51 中对标识符的规定即可；中断处理函数不带任何参数，所以中断函数名后面的括号内为空；interrupt 即"中断"的意思，是为区别于普通自定义函数而设，中断序号是编译器识别不同中断源的唯一符号，它对应着汇编语言程序中的中断服务程序入口地址。最后的"using 工作寄存器组编号"是指这个中断函数使用单片机 RAM 中 4 组工作寄存器中的哪一组，如果不加设定，C51 编译器在对程序编译时会自动分配工作寄存器组，因此"using 工作寄存器组编号"通常可以省略不写。

3.2.2　人体红外传感器（PIR）模块 HC-SR501

3.2.2.1　工作原理

人体都有恒定的体温，一般在 37℃左右，会发出特定波长为 10μm 左右的红外线，被动式红外探头就是靠探测人体辐射的红外线而进行工作的。10μm 左右的红外线通过菲涅尔滤光片增强后聚集到红外感应源上。红外感应源通常采用热释电元件，这种元件在接收到人体红外辐射温度发生变化时就会失去电荷平衡，向外释放电荷，后续电路经检测处理后就能产生报警信号。

3.2.2.2　模块参数

人体红外传感器（PIR）模块 HC-SR501 具体参数如表 3-2-2 所示。

表 3-2-2　人体红外传感器（PIR）模块 HC-SR501 参数

指标	说明
工作电压	DC 5~20V
静态功耗	65μA
电平输出	高 3.3V，低 0V
延时时间	可调（0.3~18s）
封锁时间	0.2s
触发方式	L 不可重复，H 可重复，默认值为 H（跳帽选择）
感应范围	小于 120°锥角，7m 以内
工作温度	−15~70℃

3.2.2.3　模块特性

① 这种探头是以探测人体辐射为目标的，因此热释电元件对波长为 10μm 左右的红外辐射非常敏感。

② 辐射照面通常覆盖有特殊的菲涅尔滤光片，使环境的干扰受到明显的控制作用。

③ 被动红外探头，其传感器包含两个互相串联或并联的热释电元。而且制成的两个电极化方向正好相反，环境背景辐射对两个热释电元件几乎具有相同的作用，使其产生释电效应相互抵消，于是探测器无信号输出。

④ 一旦人侵入探测区域内，人体红外辐射通过部分镜面聚焦，并被热释电元接收，但是两片热释电元接收到的热量不同，热释电也不同，不能抵消，经信号处理而报警。

⑤ 菲涅尔滤光片根据性能要求不同，具有不同的焦距（感应距离），从而产生不同的监控视场，视场越多，控制越严密。

3.2.2.4　触发方式

人体红外传感器（PIR）模块 HC-SR501 具有两种触发模式，可以利用模块上有一个跳线端子进行选择。L 为不可重复模式，H 为可重复模式，默认为 H。

（1）不可重复触发方式

感应输出高电平后，延时时间一结束，输出将自动从高电平变为低电平。

（2）可重复触发方式

感应输出高电平后，在延时时间段内，如果有人体在其感应范围内活动，其输出将一直保持高电平，直到人离开后才延时将高电平变为低电平（感应模块检测到人体的每一次活动后会自动顺延一个延时时间段，并且以最后一次活动的时间为延时时间的起始点）。

3.2.2.5　实物图

人体红外传感器（PIR）模块 HC-SR501 外观实物及典型应用如图 3-2-4 所示。

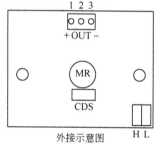

1: 电源正极
2: 高低电平输出
3: 电源负极
H: 可重复触发
L: 不可重复触发
CDS: 光敏控制

外接示意图

(a) 人体红外传感器(PIR)模块HC-SR501外观实物图

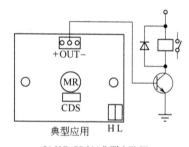

(b) HC-SR501典型电路图

图 3-2-4　人体红外传感器（PIR）模块 HC-SR501 外观实物及典型应用

3.2.3　安全红外检测模块单元任务

3.2.3.1　单元子任务 2-1：LED 灯控制

（1）单元子任务目标

该子任务采用电平触发的中断模式，利用按键 K1 控制 LED1 的亮灭，当按键 K1 按下时，LED1 亮，当按键 K1 松开时，LED1 灭。

（2）硬件资源及引脚分配

基于 Proteus 仿真软件，处理器采用 AT89C51，晶振为 12MHz，绘制原理图如图 3-2-5 所示。

引脚资源分配如表 3-2-3 所示。

表 3-2-3　LED 灯控制引脚资源分配

器件	器件引脚	单片机引脚	功能
按键 K1	K1	P3.2(INT0)	输入控制信息
LED1	LED1	P2.0	控制 LED1 亮灭
蜂鸣器	BELL	P0.6	控制蜂鸣器

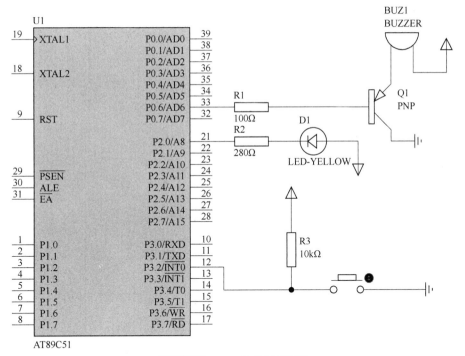

图 3-2-5　LED 灯控制原理图

（3）软件流程图

绘制软件流程图如图 3-2-6 所示。

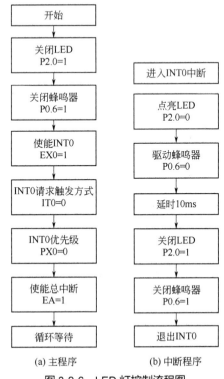

(a) 主程序　　　(b) 中断程序

图 3-2-6　LED 灯控制流程图

（4）汇编程序

根据流程图编写汇编程序代码如下：

```asm
        ORG     0000H
        LJMP    MAIN
        ORG     0003H
        AJMP    INT_0
        ORG     0030H
MAIN:   SETB    P2.0            ;关闭 LED
        SETB    P0.6            ;关闭蜂鸣器
        SETB    EX0             ;开启外部中断 0
        CLR     IT0             ;外部中断 0 设置为电平触发模式
        CLR     PX0             ;外部中断 0 为低优先级
        SETB    EA              ;开启中断
        SJMP    $
INT_0:  CLR     P2.0            ;打开 LED 及蜂鸣器报警
        CLR     P0.6
        ACALL   DELAY10MS       ;延时
        SETB    P2.0            ;关闭 LED 及蜂鸣器报警
        SETB    P0.6
        RETI
DELAY10MS:                      ;@12.000MHz
        MOV     30H,#20
        MOV     31H,#108
NEXT:   DJNZ    31H,NEXT
        DJNZ    30H,NEXT
        RET
        END
```

（5）C51 程序

根据流程图编写 C51 程序代码如下：

```c
/**********************************************************************
* 文件名   : 2-1-LED-C51.c
* 内容简述： 本例程采用中断方式，完成利用按键控制 LED 及蜂鸣器的功能。中断采用电平
            触发模式。
*引脚配置：  KEY--INT0--P3.2
            LED--P2.0
            BUZZER--P0.6
* 版本号   : V1.0            创建日期：2015-04-13
**********************************************************************/
/* Includes ---------------------------------------------------------*/
#include <STC12C5A60S2.h>
/* 全局变量及函数说明-------------------------------------------------*/
sbit LED = P2^0;
sbit BUZZER = P0^6;
void Int0_Isr(void);
void Delay10ms();
/**********************************************************************
* 名    称：void main(void)
* 功    能：主函数
* 入口参数：无
* 出口参数：无
* 说    明：
**********************************************************************/
void main()
```

```
{
    LED = 1;                     //LED 低电平有效，关闭
    BUZZER = 1;                  //BUZZER 低电平有效，关闭
    EX0 = 1;                     //允许外部中断 0
    IT0 = 0;                     //外部中断 0 设置为电平触发模式
    PX0 = 0;                     //外部中断 0 设置为低优先级
    EA = 1;                      //开启总中断
    while(1);                    //循环等待中断
}
/**********************************************************************
* 名     称：void Int0_Isr(void) interrupt 0 using 0
* 功     能：int0 中断服务子程序
* 入口参数：无
* 出口参数：无
* 说     明：中断号 0，使用寄存器 0 组。电平触发中断存在多次进中断的可能。
**********************************************************************/
void Int0_Isr(void) interrupt 0 using 0
{
    LED = 0;                     //启动 LED 与 BUZZER
    BUZZER = 0;
    Delay10ms();                 //延时一小段时间
    LED = 1;                     //关闭 LED 与 BUZZER
    BUZZER = 1;
}
/**********************************************************************
* 名     称：void Delay10ms()
* 功     能：延时子程序
* 入口参数：无
* 出口参数：无
* 说     明：本延时是在 12MHz 晶振时，针对传统 12T 单片机，延时 10ms。
在开发板运行时，采用的是 11.0592MHz，STC12 系列的 1T 单片机，因此延时要短，但不影响效果。
**********************************************************************/
void Delay10ms()
{
    unsigned char i, j;
    i = 20;
    j = 113;
    do
    {
        while (--j);
    } while (--i);
}
```

3.2.3.2 单元子任务 2-2：人体红外报警模块应用

（1）单元子任务目标

利用人体红外检测模块完成红外防盗警报系统，需要具备功能如下。

① 能够检测到红外目标。

② 当检测到红外目标时，蜂鸣器启动报警。

③ 当检测到红外目标时，报警指示灯点亮。

④ 当红外目标消失时，声音报警停止，指示灯熄灭。

（2）硬件原理图及引脚分配

根据开发板原理图，见图 3-2-7。利用开发板的 LED1 作为报警指示灯，蜂鸣器作为声音报警器，人体红外检测模块连接至单片机 P3.2（INT1）。

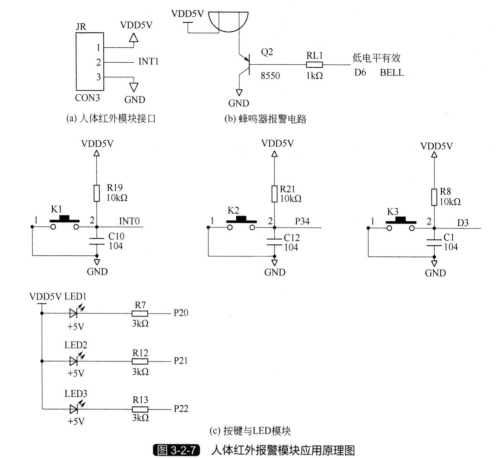

(a) 人体红外模块接口   (b) 蜂鸣器报警电路

(c) 按键与LED模块

图 3-2-7   人体红外报警模块应用原理图

（3）软件流程分析

人体红外报警模块应用软件流程图如图 3-2-8 所示。

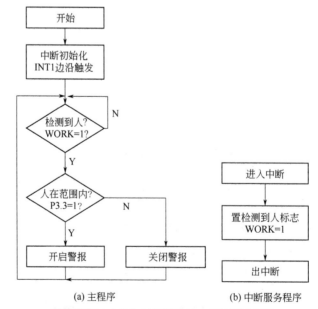

(a) 主程序   (b) 中断服务程序

图 3-2-8   人体红外报警模块应用软件流程图

（4）汇编程序

根据流程图编写汇编程序代码如下：

```
            ORG     0000H
            LJMP    MAIN
            ORG     0013H
            AJMP    INT_1
            ORG     0030H
MAIN:       SETB    P2.0            ;关闭报警
            SETB    P0.6
            SETB    EX1             ;中断初始化
            SETB    IT1
            CLR     PX1
            SETB    EA
            CLR     F0
LOOP_S:     JB      F0,WORK         ;如果检测到人，转到 WORK
            SJMP    LOOP_E
WORK:       JNB     P3.3,P_IN       ;如果人还在检测范围内，转到 P_IN
P_OUT:      SETB    P2.0            ;如果人离开，则关闭报警
            SETB    P0.6
            CLR     F0
            SJMP    LOOP_E
P_IN:       CLR     P2.0
            CLR     P0.6
LOOP_E:     SJMP    LOOP_S
INT_1:      SETB    F0              ;置检测到人标志位
            RETI
            END
```

（5）C51 程序

C51 程序代码编写如下：

```
/**********************************************************************
* 文件名  : 2-2-PIR-C51.c
* 内容简述:本例程完成人体红外检测模块的应用，采用 INT1，边沿触发模式。
*引脚配置:      PIR--INT1---P3.3
               LED--P2.0
               BUZZER--P0.6
* 版本号  : V1.0            创建日期: 2015-04-12
**********************************************************************/
/* Includes ---------------------------------------------------------*/
#include <STC12C5A60S2.h>
/* 全局变量及函数说明-------------------------------------------------*/
sbit LED = P2^0;
sbit BUZZER = P0^6;
bit  WORK =0;                        //PIR 模块检测到人标志位
void Int1_Isr(void);
/**********************************************************************
* 名      称: void main(void)
* 功      能:主函数
* 入口参数: 无
* 出口参数: 无
* 说      明:
**********************************************************************/
void main()
```

```
{
    LED = 1;                          //关闭 LED 与 BUZZER
    BUZZER = 1;
    EX1 = 1;                          //开启外部中断 1
    IT1 = 1;                          //设置外部中断 1 为边沿触发模式
    PX1 = 0;                          //设置外部中断 1 为低优先级
    EA = 1;                           //开启总中断
    while(1)
    {
        if(WORK = = 1)                //检测到人
        {
            if(P33 = = 0)             //如果人在检测范围内
            {
                LED = 0;              //开启 LED 与 BUZZER 报警
                BUZZER = 0;
            }
            else                      //人已离开
            {
                LED = 1;              //关闭 LED 与 BUZZER
                BUZZER = 1;
                WORK = 0;    //将 WORK 标志位复位为 0
            }
        }
    }
}
/**************************************************************************
* 名      称：void Int1_Isr(void) interrupt 2 using 1
* 功      能：INT1 中断服务子程序
* 入口参数：无
* 出口参数：无
* 说      明：中断号 2，采用寄存器 1 组
**************************************************************************/
void Int1_Isr(void) interrupt 2 using 1
{
    WORK = 1;                         //检测到人
}
```

3.3 单元任务 3：实时时钟模块

★ 任务目标：

① 学习单片机定时器结构与原理。

② 完成单元子任务 3-1：生成周期为 100ms 的方波——方式 1 应用。

③ 完成单元子任务 3-2：生成周期为 2s 的方波——方式 1 应用。

④ 完成单元子任务 3-3：生成周期为 200μs 的方波——方式 2 应用。

⑤ 完成单元子任务 3-4：脉宽测量——GATE 应用。

⑥ 完成单元子任务 3-5：秒表计时。

3.3.1 定时/计数器的结构与原理

定时/计数器的作用主要包括产生各种时标间隔、记录外部事件的数量等，是单片机中最

常用、最基本的部件之一。MCS-51 系列单片机有两个十六位加法计数结构的定时/计数器，分别为定时/计数器 0 和定时/计数器 1，具有计数和定时两种工作方式以及四种工作模式。定时器控制寄存器 TCON 和定时器方式寄存器 TMOD 用于确定定时/计数器的功能和操作方式。

3.3.1.1　定时/计数器结构

MCS-51 单片机内部的定时/计数器的结构如图 3-3-1 所示，定时器 T0 由特殊功能寄存器 TL0（低 8 位）和 TH0（高 8 位）构成，定时器 T1 由特殊功能寄存器 TL1（低 8 位）和 TH1（高 8 位）构成。特殊功能寄存器 TMOD 控制定时寄存器的工作方式，TCON 则用于控制定时器 T0 和 T1 的启动和停止计数，同时管理定时器 T0 和 T1 的溢出标志等。

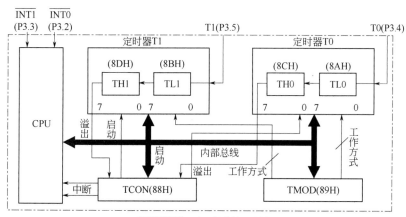

图 3-3-1　定时/计数器结构

3.3.1.2　定时器控制相关寄存器

MCS-51 的定时/计数器具有四种工作方式，其控制字和状态均在相应的特殊功能寄存器中，通过对控制寄存器的编程，就可方便地选择适当的工作方式。

（1）定时/计数器方式控制寄存器（TMOD）

TMOD 的地址为 89H；复位值为 00H。

寄存器格式：

SFR	Address	Bit	B7	B6	B5	B4	B3	B2	B1	B0
TMOD	89H	name	GATE	C/$\overline{\text{T}}$	M1	M0	GATE	C/$\overline{\text{T}}$	M1	M0
				T1 方式字段				T0 方式字段		

位功能说明：高 4 位字段用于定时器 T1 的工作方式控制，低 4 位字段用于定时器 T0 的工作方式控制。

① GATE：门控位。

GATE=0，以运行控制位 TR0（TR1）启动定时器，不受外部输入引脚的控制。

GATE=1，以外中断请求信号（INT0、INT1）启动定时器，受外部引脚输入电平的控制，具体来讲，INT0 控制 T0 运行，INT1 控制 T1 运行。

② C/$\overline{\text{T}}$：定时方式或计数方式选择位。

C/$\overline{\text{T}}$=0，定时工作方式，计数脉冲是内部脉冲，其周期等于机器周期。

C/$\overline{\text{T}}$=1，计数工作方式，计数脉冲是从引脚 T0 或 T1 输入。

③M1、M0：工作方式选择位。具体功能如表 3-3-1 所示。

表 3-3-1 定时器工作方式选择

M1	M0	工作方式	功能描述
0	0	工作方式 0	13 位计数器（TL 低 5 位，TH8 位）
0	1	工作方式 1	16 位计数器
1	0	工作方式 2	自动再装入 8 位计数器
1	1	工作方式 3	定时器 0：分成两个 8 位计数器 定时器 1：停止计数

（2）定时器控制寄存器（TCON）

TCON 的地址为 88H；位地址为 88H~8FH；复位值为 00H。

寄存器格式：

SFR	Address	Bit	B7	B6	B5	B4	B3	B2	B1	B0
TCON	88H	name	TF1	TR1	TF0	TR0	IE1	IT1	IE0	IT0

位功能说明：TCON 的作用是控制定时器的启、停，标志定时器溢出和中断情况。后四位为外部中断的设置位，详细内容见中断系统结构部分。

① TF0（TF1）：计数溢出标志位。

TF0（TF1）=0，计数器未溢出。

TF0（TF1）=1，计数器溢出。

② TR0（TR1）：定时器运行控制位。

TR0（TR1）=0，停止定时/计数器工作。

TR0（TR1）=1，启动定时/计数器工作。

（3）中断允许控制寄存器（IE）

IE 的地址为 A8H；位地址为 AFH~A8H；复位值为 00H。

寄存器格式：

SFR	Address	Bit	B7	B6	B5	B4	B3	B2	B1	B0
IE	A8H	name	EA			ES	ET1	EX1	ET0	EX0

位功能说明：与定时/计数器相关的为 EA、ET0、ET1。其他位功能详细介绍见中断系统结构部分。

① EA：中断允许总控制位。

EA=0，中断总禁止。

EA=1，中断总允许后中断的禁止与允许由各中断源的中断允许控制位进行设置。

② ET0（ET1）：定时/计数中断允许控制位。

ET0（ET1）=0，禁止定时（或计数）中断。

ET0（ET1）=1，允许定时（或计数）中断。

3.3.1.3 定时/计数器工作方式

MCS-51 的定时/计数器共有四种工作方式。其中，方式 0 与方式 3 使用较少，本书将重点介绍方式 1 与方式 2 的结构与应用。

（1）工作方式 1

定时/计数器 0 工作方式 1 的电路逻辑结构见图 3-3-2，定时/计数器 1 与其完全一致。工作方式 1 是 16 位计数结构的工作方式，其计数器由 TH 和 TL 构成。

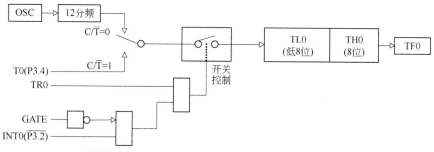

图 3-3-2 定时/计数器 0 工作方式 1 的电路逻辑结构

当 $C/\overline{T}=0$ 时，多路开关接通振荡脉冲的 12 分频输出，计数器依次进行计数，这就是定时工作方式。当 $C/\overline{T}=1$ 时，多路开关接通计数引脚（T0），外部计数脉冲由 T0 输入。当计数脉冲发生负跳变时，计数器加 1，这就是计数工作方式。

GATE 位的状态决定定时器运行控制取决于 TR0 的这一个条件还是 TR0 和 INT0 引脚这两个条件。

当 GATE=0 时，由于 GATE 信号封锁了与门，使引脚 INT0 信号无效。而这时候如果 TR0=1，则接通模拟开关，使计数器进行加法计数，即定时/计数工作。而 TR0=0，则断开模拟开关，停止计数，定时/计数不能工作。

当 GATE=1 时，与门的输出端由 TR0 和 INT0 电平的状态确定，此时如果 TR0=1，INT0=1，与门输出为 1，允许定时/计数器计数，在这种情况下，运行控制由 TR0 和 INT0 两个条件共同控制，TR0 是确定定时/计数器的运行控制位，由软件置位或清 0。

TF0 是定时/计数器的溢出状态标志，溢出时由硬件置位，TF0 溢出中断被 MCU 响应时，转入中断时硬件清 0，TF0 也可由程序查询和清 0。

当为定时工作方式 1 时，定时时间的计算公式为：

定时时间=$(2^{16}-$计数初值$)\times$机器周期

如果单片机的晶振选为 6.000MHz，则最小定时时间为：

$$[2^{16}-(2^{16}-1)]\times 1/6\times 10^{-6}\times 12=2\times 10^{-6}(s)=2(\mu s)$$

最大定时时间为：

$$(2^{16}-0)\times 1/6\times 10^{-6}\times 12=131072\times 10^{-6}(s)=131072(\mu s)$$

（2）工作方式 2

工作方式 0 和工作方式 1 的最大特点就是计数溢出后，计数器变为 0，然后从 0 开始计数，因而循环定时或循环计数应用时就存在反复设置初值的问题，这给程序设计带来许多不便，同时也会影响计时精度。工作方式 2 就是针对这个问题而设置的，它具有自动重装载功能，即自动加载计数初值，所以有的文献也称之为自动重加载工作方式。在这种工作方式中，16 位计数器分为两部分，即以 TL0 为计数器，以 TH0 作为预置寄存器，初始化时把计数初值分别加载至 TL0 和 TH0 中，当计数溢出时，由预置寄存器 TH0 以硬件方法自动给计数器 TL0 重新加载。所以这种工作方式很适合于那些重复计数的应用场合。定时器 T0 工作方式 2 电路逻辑结构如图 3-3-3 所示。

3.3.1.4　定时/计数器初始化

定时/计数器初始化程序设计的基本步骤如下：

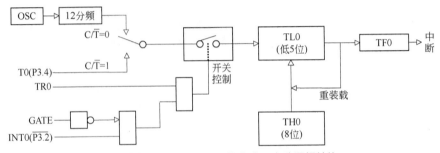

图 3-3-3 定时器 T0 工作方式 2 电路逻辑结构

① 确定工作方式，对寄存器 TMOD 和 TCON 等赋值；
② 预置定时或计数的初值 X；
③ 根据需要使能或关闭定时/计数器的中断；
④ 启动定时/计数器工作。

3.3.2 实时时钟模块单元任务

3.3.2.1 单元子任务 3-1：生成周期为 100ms 的方波——方式 1 应用

（1）单元子任务目标

基于 Proteus 仿真，利用定时器 T0，在 P1.0 输出周期为 100ms 的方波。对溢出标志位 TF0 采用查询方式。仿真时单片机采用 AT89C51，晶振频率为 11.0592MHz。仿真原理图如图 3-3-4 所示。

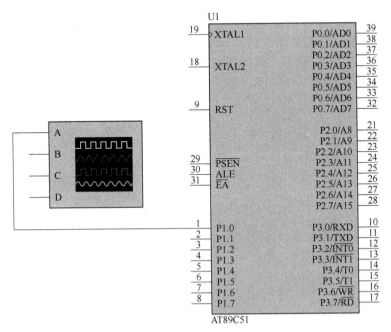

图 3-3-4 方波生成原理图

（2）流程图分析

根据设计要求绘制流程图如图 3-3-5 所示。

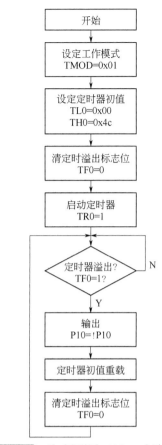

开始

设定工作模式
TMOD=0x01

设定定时器初值
TL0=0x00
TH0=0x4c

清定时溢出标志位
TF0=0

启动定时器
TR0=1

定时器溢出?
TF0=1? N

Y

输出
P10=!P10

定时器初值重载

清定时溢出标志位
TF0=0

图 3-3-5　生成周期为 100ms 方波流程图

（3）汇编程序

根据流程图编写汇编程序代码如下：

```
        ORG     0000H
        MOV TMOD, #01H          ;定时器 T0 工作在方式 1
        SETB    TR0            ;启动定时器
LOOP:   MOV     TH0, #4CH      ;T0 赋初值
        MOV     TL0, #00H
        CPL     P1.0           ;输出取反
WAIT:   JBC     TF0, LOOP      ;查询 TF0 标志位
        SJMP    WAIT
        END
```

（4）C51 程序

根据流程图编写 C51 程序代码如下：

```
/************************************************************
* 文件名  : 3-1-50ms-C51.c
* 内容简述:  本例程完成 50ms 定时，采用 11.0592MHz 晶振。如果用 Proteus 仿真，采用 AT89C51
处理器。如果下载到 STC12C5AS60 开发板，则需要利用示波器观察 P1.0 口波形。STC12C5AS60 复位后，
在默认状态下，定时器采用 12T 模式，与 AT89C51 完全相同。定时器 0 采用查询模式。
*引脚配置: P1.0 输出波形
* 版本号  : V1.0            创建日期: 2015-04-14
************************************************************/
```

```
/* Includes ------------------------------------------------------------------*/
#include <STC12C5A60S2.h>
/* 全局变量及函数说明-----------------------------------------------------------*/
/***************************************************************
* 名    称：void main(void)
* 功    能：主函数
* 入口参数：无
* 出口参数：无
* 说    明：Timer0 采用查询模式。
***************************************************************/
void main()
{
    AUXR &= 0x7F;                    //STC12 处理器为 12T 模式
    TMOD &= 0xF0;                    //设置 Timer0 为模式 1
    TMOD |= 0x01;
    TL0 = 0x00;                      //11.0592MHz 情况下，50ms 的初值
    TH0 = 0x4C;
    TF0 = 0;                         //清 TF0 标志位
    TR0 = 1;                         //启动定时器
    while(1)
    {
        if(TF0 = = 1)
        {
            P10 = !P10;              //到 50ms，输出取反，方波
            TL0 = 0x00;
            TH0 = 0x4c;
            TF0 = 0;
        }
    }
}
```

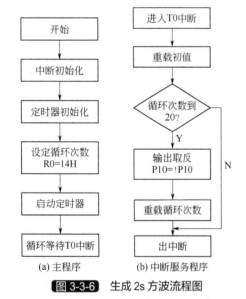

图 3-3-6 生成 2s 方波流程图

3.3.2.2　单元子任务 3-2：生成周期为 2s 的方波
——方式 1 应用

（1）单元子任务目标

基于 Proteus 仿真，利用定时器 T0，在 P1.0 口输出周期为 2s 的方波。采用中断方式。仿真时单片机采用 AT89C51，晶振频率为 11.0592MHz。仿真原理图如图 3-3-4 所示。

（2）流程图分析

由于定时器工作方式 1 最大定时周期也达不到 1s，因此，定时器将定时 50ms，用一个变量记录进入 50ms 中断的次数，当完成 20 次中断时，所经过的时间即为 1s，然后对 P1.0 取反，进而得到周期为 2s 的方波。流程图如图 3-3-6 所示。

（3）汇编程序

根据流程图编写汇编程序代码如下：

```
ORG     0000H
AJMP    MAIN
ORG     000BH
```

```
         AJMP     T0_ISR
         ORG      0030H
MAIN:    SETB     ET0                    ;开 T0 中断
         CLR      PT0
         SETB     EA
         MOV      TMOD, #01H             ;设置 T0 工作模式
         MOV      TH0, #4CH              ;设定初值
         MOV      TL0, #00H
         MOV      R0,#14H                ;设定循环次数
         SETB     TR0                    ;启动定时器
         SJMP     $
T0_ISR:  MOV      TH0, #4CH              ;重置初值
         MOV      TL0, #00H
         DJNZ     R0,NEXT                ;判断 50ms 的次数
         CPL      P1.0                   ;输出反向
         MOV      R0,#14H                ;重置循环次数
NEXT:    RETI
         END
```

（4）C51 程序

根据流程图编写 C51 程序代码如下：

```
/*****************************************************************
* 文件名   : 3-2-2s-C51.c
* 内容简述:    本例程完成在 P1.0 输出周期为 2s 的方波，采用 11.0592MHz 晶振。如果用 Proteus 仿
真，采用 AT89C51 处理器。如果下载到 STC12C5AS60 开发板，则需要利用示波器观察 P1.0 口波形。
STC12C5AS60 复位后，在默认状态下，定时器采用 12T 模式，与 AT89C51 完全相同。定时器 0 采用中断
模式，每次定时 50ms，20 次为 1s。
*    引脚配置:
* 版本号   : V1.0           创建日期: 2015-04-12
*****************************************************************/
/* Includes ----------------------------------------------------------------*/
#include <STC12C5A60S2.h>
/* 全局变量及函数说明--------------------------------------------------------*/
void Timer0_Isr(void);
unsigned char cnt=0;                    //每 50ms 到来计数器
/*****************************************************************
* 名     称: void main(void)
* 功     能: 主函数
* 入口参数: 无
* 出口参数: 无
* 说     明: Timer0 采用中断模式。
*****************************************************************/
void main()
{
    AUXR &= 0x7F;                      //Timer0 初始化
    TMOD &= 0xF0;
    TMOD |= 0x01;
    TL0 = 0x00;
    TH0 = 0x4C;
    TF0 = 0;
    TR0 = 1;
    ET0 = 1;                           //Timer0 中断初始化
    PT0 = 0;
```

```
    EA = 1;
    while(1);
}
/**********************************************************************
* 名    称：void main(void)
* 功    能：主函数
* 入口参数：无
* 出口参数：无
* 说    明：Timer0 采用中断模式，中断号 1，使用寄存器 0 组。每次计时 50ms，20 次为 1s。
**********************************************************************/
void Timer0_Isr(void) interrupt 1 using 0
{
    TL0 = 0x00;
    TH0 = 0x4C;
    cnt++;
    if(cnt = = 20)
    {
        P10 = !P10;
        cnt = 0;
    }
}
```

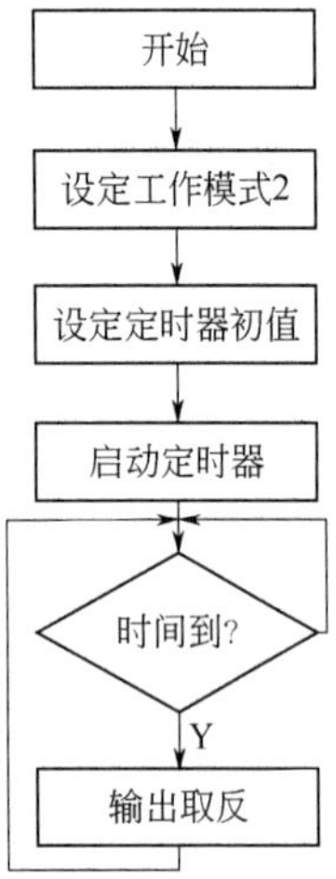

图 3-3-7 生成 200μs 方波流程图

3.3.2.3 单元子任务 3-3：生成周期为 200μs 的方波 ——方式 2 应用

（1）单元子任务目标

基于 Proteus 仿真，利用定时器 T0，在 P1.0 输出周期为 200μs 的方波。定时器采用工作方式 2，仿真时单片机采用 AT89C51，晶振频率为 11.0592MHz。仿真原理图如图 3-3-4 所示。

（2）流程图分析

输出周期为 200μs 的方波，因此需要定时 100μs，工作方式 2 自动可重载模式可以满足定时要求。根据设计要求绘制流程图如图 3-3-7 所示。

（3）汇编程序

根据流程图编写汇编程序代码如下：

```
        ORG    0000H
MAIN:   MOV    TMOD, #02H        ;Timer0，工作方式 2，
        SETB   TR0
        MOV    TH0, #0A4H        ;赋初值
        MOV TL0, #0A4H
WAIT:   JBC    TF0, NEXT         ;检测 TF0 标志位
        SJMP   WAIT
NEXT:   CPL    P1.0
        SJMP   WAIT
        END
```

（4）C51 程序

根据流程图编写 C51 程序代码如下：

```
/**********************************************************************
* 文件名 : 3-3-200us-C51.c
```

* 内容简述：　　本例程完成在 P1.0 输出周期为 200μs 的方波，采用 11.0592MHz 晶振。如果用 Proteus 仿真，采用 AT89C51 处理器。如果下载到 STC12C5AS60 开发板，则需要利用示波器观察 P1.0 口波形。STC12C5AS60 复位后，在默认状态下，定时器采用 12T 模式，与 AT89C51 完全相同。定时器 0 采用查询模式，工作方式 2，自动装载模式。
*　　引脚配置：　P1.0 输出波形
* 版本号　：V1.0　　　　　　创建日期：2015-04-14
**/
/* Includes ---*/
#include <STC12C5A60S2.h>
/* 全局变量及函数说明--*/
/**
* 名　　　称：void main(void)
* 功　　　能：主函数
* 入口参数：无
* 出口参数：无
* 说　　　明：Timer0 采用查询模式，工作方式 2，自动装载模式。
**/

```
void main()
{
    AUXR &= 0x7F;
    TMOD &= 0xF0;
    TMOD |= 0x02;                              //Timer0 工作方式 2
    TL0 = 0xA4;
    TH0 = 0xA4;
    TF0 = 0;
    TR0 = 1;
    while(1)
    {
        if(TF0 = = 1)
        {
            P10 = !P10;
            TF0 = 0;
        }
    }
}
```

3.3.2.4　单元子任务 3-4：脉宽测量——GATE 应用

（1）单元子任务目标

基于 Proteus 仿真，利用定时器 T0，在 P3.2 输入某一频率方波，测量方波高电平的时间，利用 BCD 码数码管在 P1 口显示出来。仿真时单片机采用 AT89C51，晶振频率为 11.0592MHz。

（2）硬件资源及引脚分配

本例中，波形信号从 P3.2 输入。P1 口接两个 BCD 码数码管，用于显示波形脉冲宽度。仿真原理图如图 3-3-8 所示。

（3）流程图分析

利用 GATE 位测量脉宽，根据要求绘制流程图 3-3-9。由于只能显示两位数据，受显示条件所限，测量脉宽最大值为 99μs。

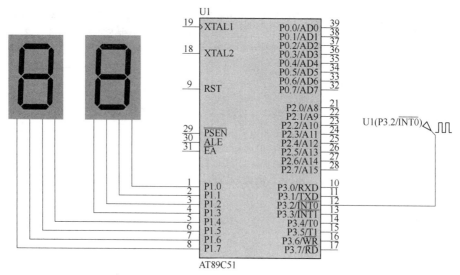

图 3-3-8 脉宽测量原理图

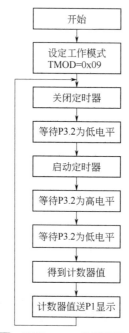

图 3-3-9 利用 GATE 位测量脉宽流程图

（4）汇编程序

根据流程图编写汇编程序代码如下：

```
        ORG    0000H
MAIN:   MOV    TMOD,#09H        ;设定 T0 工作模式，Gate=1
        MOV    TH0,#00H         ;计数器初值复位为 0
        MOV    TL0,#00H
        CLR    TR0              ;关闭定时器
WAIT1:  JB     P3.2,WAIT1       ;等待 P3.2 信号变为低电平
        SETB   TR0              ;启动定时器
WAIT2:  JNB    P3.2,WAIT2       ;等待 P3.2 信号变为高电平
```

```asm
WAIT3:  JB      P3.2,WAIT3          ;等待 P3.2 信号变为低电平
        MOV     A,TL0               ;高电平时间结束，得到计数器的值
        MOV     B,#10               ;将结果分为高低 4 位，送 P1 口显示
        DIV     AB
        SWAP    A
        ORL     A,B
        MOV     P1,A
        AJMP    MAIN
        END
```

（5）C51 程序

根据流程图编写 C51 程序代码如下：

```c
/***********************************************************************
* 文件名   : 3-4-GATE-C51.c
* 内容简述：    本例程处理器采用 11.0592MHz 晶振，完成利用 GATE 测量信号脉宽的功能。本例程只能用
Proteus 仿真，采用 AT89C51 处理器。STC12C5AS60 复位后，在默认状态下，定时器采用 12T 模式，与
AT89C51 完全相同。受显示条件所限，脉宽高电平时间需要小于 100μs。
*    引脚配置：P1 接 2 个 BCD 显示的数码管
* 版本号   : V1.0           创建日期：2015-04-14
***********************************************************************/
/* Includes -------------------------------------------------------------*/
#include <STC12C5A60S2.h>
/* 全局变量及函数说明----------------------------------------------------*/
unsigned char cnt =0;
unsigned char cnt_dis =0;                //显示信息
/***********************************************************************
* 名      称：void main(void)
* 功      能：主函数
* 入口参数：无
* 出口参数：无
* 说      明：Timer0 使用 GATE 测量脉宽，高电平时间需要小于 100μs。
***********************************************************************/
void main()
{
    AUXR &= 0x7F;                //处理器 12T 模式
    TMOD = 0x09;                 //GATE 位测量，Timer0，工作方式 1
    while(1)
    {
        TL0 = 0;                 //测量前初始化
        TH0 = 0;
        TR0 = 0;
        while(P32);              //P3.2 为高电平则循环等待，等待信号下跳沿的出现
        TR0 = 1;                 //待测信号为低电平时，启动定时器
        while(!P32);             //等待待测信号变为高电平
        while(P32);              //信号测量阶段，等待信号变为低电平，结束测量
        cnt = TL0;               //得到测量值
        cnt_dis = ((cnt/10)<<4) | (cnt%10);    //测量值处理后送 P1 口显示
        P1 = cnt_dis;
    }
}
```

3.3.2.5 单元子任务 3-5：秒表计时

（1）单元子任务目标

设计一个计时秒表，当按键按下时，秒表开始计时，当再次按下按键时，秒表停止运行。

（2）硬件资源及引脚分配

根据设计要求，在 Proteus 环境中绘制原理图如图 3-3-10 所示。单片机选择 AT89C51，晶振频率为 11.0592MHz。

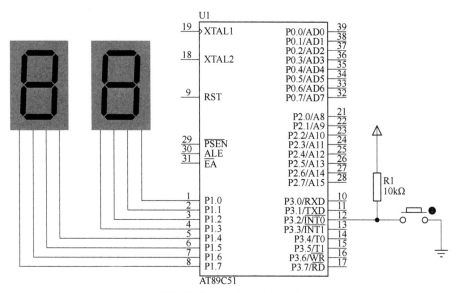

图 3-3-10 秒表计时原理图

（3）流程图分析

根据设计要求，绘制流程图如图 3-3-11 所示。

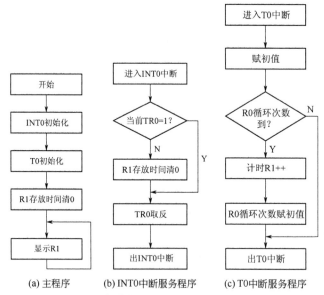

(a) 主程序　　　(b) INT0中断服务程序　　　(c) T0中断服务程序

图 3-3-11 秒表计时流程图

（4）汇编程序

根据流程图编写汇编程序代码如下：

```
ORG    0000H
AJMP   MAIN
```

```
        ORG     0003H
        AJMP    INT0_ISR
        ORG     000BH
        AJMP    T0_ISR
        ORG     0030H
MAIN:   SETB    EX0                 ;INT0 初始化
        SETB    IT0
        CLR     PX0
        SETB    ET0                 ;T0 初始化
        CLR     PT0
        SETB    EA
        CLR     TR0
        MOV     R1,#00H
        MOV     TMOD, #01H          ; T0 工作模式 1
        MOV     TH0, #4CH
        MOV     TL0, #00H
        MOV     R0,#14H             ;R0 存放 50ms 次数
LOOP:   MOV     A,R1                ;R1 存放时间
        MOV     B,#10               ;时间送 P1 口显示
        DIV     AB
        SWAP    A
        ORL     A,B
        MOV     P1,A
        SJMP    LOOP
INT0_ISR:
        JB      TR0,NEXT1
        MOV     R1,#00H
NEXT1:  CPL     TR0
        RETI
T0_ISR: MOV     TH0, #4CH
        MOV     TL0, #00H
        DJNZ    R0,NEXT2
        INC     R1
        MOV R0,#14H
NEXT2:  RETI
        END
```

（5）C51 程序

根据流程图编写 C51 程序代码如下：

```
/*********************************************************************
* 文件名 : 3-5-TIMER-C51.c
* 内容简述:    本例程基于 Proteus 仿真，实现秒表计时，采用 11.0592MHz 晶振。STC12C5AS60 复位
后，在默认状态下，定时器采用 12T 模式，与 AT89C51 完全相同。定时器 0 采用中断模式，工作方式 1，
每次定时 50ms。
*引脚配置:      P1 口接 2 个 BCD 码显示的数码管
Key--INT0--P3.2
* 版本号 : V1.0          创建日期：2015-04-14
*********************************************************************/
/* Includes -----------------------------------------------------------*/
#include <STC12C5A60S2.h>
/* 全局变量及函数说明-----------------------------------------------------*/
void Int0_Isr(void);
void Timer0_Isr(void);
```

```c
unsigned char cnt_50ms=10;               //50ms 定时计数
unsigned char cnt_s=0;                   //1s 定时计数
bit start_flag=0;                        //系统启动标志位
/***********************************************************
* 名     称：void main(void)
* 功     能：主函数
* 入口参数：无
* 出口参数：无
* 说     明：
***********************************************************/
void main()
{
    EX0 = 1;                             //外部中断 0 与定时器 0 初始化
    IT0 = 1;
    PX0 = 0;
    ET0 = 1;
    PT0 = 0;
    EA = 1;
    cnt_50ms = 0;                        //变量初始化
    cnt_s = 0;
    start_flag = 0;
    AUXR &= 0x7F;                        //定时器 0 初始化
    TMOD &= 0xF0;
    TMOD |= 0x01;
    TL0 = 0x00;
    TH0 = 0x4C;
    TF0 = 0;
    while(1)                             //循环显示
    {
        P1 = ((cnt_s/10)<<4) | (cnt_s%10);
    }
}
/***********************************************************
* 名     称：void Int0_Isr(void) interrupt 0 using 0
* 功     能：外部中断 0 服务子程序
* 入口参数：无
* 出口参数：无
* 说     明：按键按下，启动秒表，再次按下，秒表停止
***********************************************************/
void Int0_Isr(void) interrupt 0 using 0
{
    if(start_flag = = 0)
    {
        TR0 = 1;
        start_flag = 1;
        cnt_s = 0;
    }
    else
    {
        TR0 = 0;
        start_flag = 0;
    }
}
```

```
/***************************************************************
* 名      称：void Timer0_isr(void) interrupt 1 using 0
* 功      能：定时器 T0 中断服务子程序
* 入口参数：无
* 出口参数：无
* 说      明：50ms 定时，20 次为 1s
***************************************************************/
void Timer0_isr(void) interrupt 1 using 0
{
    TH0 = 0x4c;
    TL0 = 0x00;
    cnt_50ms++;
    if(cnt_50ms = = 20)
    {
        cnt_s++;
        cnt_50ms = 0;
    }
}
```

3.4 单元任务 4：PWM 电机控制

★ 任务目标：

① 学习 PWM 电机调速原理。

② 完成单元子任务 4-1：MCS-51 单片机 PWM 控制。

③ 完成单元子任务 4-2：STC12C5AS60 单片机 PWM 控制。

3.4.1 PWM 电机调速

3.4.1.1 PWM 技术概述

脉宽调制（PWM，Pulse Width Modulation）是利用微处理器的数字输出来对模拟电路进行控制的一种非常有效的技术，广泛应用在测量、通信、功率控制与变换等许多领域中。PWM 是一种对模拟信号电平进行数字编码的方法，通过高分辨率计数器的使用，将方波的占空比被调制用来对一个具体模拟信号的电平进行编码。PWM 信号仍然是数字的，因为在给定的任何时刻，满幅值的直流供电要么完全有（ON），要么完全无（OFF）。通的时候即直流供电被加到负载上，断的时候即供电被断开。

PWM 的原理简单说就是通过一系列脉冲的宽度进行调制，可以等效地获得所需要的波形。这个"等效"的原理是基于采样定理的一个结论：冲量（窄脉冲面积）相等而形状不同的窄脉冲加在具有惯性的环节上时，其效果基本相同（仅高频部分略有差异）。于是基于这个等效原理，可以用不同宽度的矩形波来代替正弦波，通过控制矩形波来模拟不同频率的正弦波。

如图 3-4-1 所示，把正弦波 n 等分，看成 n 个相连的脉冲序列，宽度相等，但幅值不等；用矩形波代替则是幅度相等，宽度不等（按正弦规律变化），中点重合，冲量面积相等。当然 PWM 也可以等效成其他非正弦波形，基本原理都是等效面积。

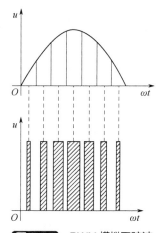

图 3-4-1 PWM 模拟正弦波

随着电子技术的发展，出现了多种 PWM 技术，其中包括：相电压控制 PWM、脉宽 PWM 法、随机 PWM、SPWM 法、线电压控制 PWM 等。

3.4.1.2　PWM 电机调速基本原理

电机分为交流电机和直流电机两大类。直流电机以其良好的线性特性、优异的控制性能、较强的过载能力成为大多数变速运动控制和闭环位置伺服控制系统的最佳选择，一直处在调速领域主导地位。传统的直流电机调速方法很多，如调压调速、弱磁调速等，它们存在着调速响应慢、精度差、调速装置复杂等缺点。随着全控式电力电子器件技术的发展，以大功率晶体管作为开关器件的直流脉宽调制（PWM）调速系统已成为直流调速系统的主要发展方向。

在 PWM 调速系统中，一般可以采用定宽调频、调宽调频、定频调宽 3 种方法改变控制脉冲的占空比，但是前两种方法在调速时改变了控制脉宽的周期，从而引起控制脉冲频率的改变，当该频率与系统的固有频率接近时将会引起振荡。为了避免这个问题，常用定频调宽改变占空比的方法来调节直流电动机电枢两端电压。

定频调宽法的基本原理是按一个固定频率来接通和断开电源，并根据需要改变一个周期内接通和断开的时间比（占空比）来改变直流电机电枢上电压的占空比，从而改变平均电压，控制电机的转速。在 PWM 调速系统中，当电机通电时其速度增加，电机断电时其速度降低。只要按照一定的规律改变通、断电的时间，即可控制电机转速。而且采用 PWM 技术构成的无级调速系统，启停时对直流系统无冲击，并且具有启动功耗小、运行稳定的优点。

如图 3-4-2 所示，设电机始终接通电源时，电机转速最大为 V_{max}，电机的平均速度为 V_a，设占空比 $D = \dfrac{t_1}{T}$，式中 t_1 表示一个周期内开关管导通的时间，T 表示一个周期的时间。则电机的平均速度为 $V_a = V_{max}D$。

由上面的公式可见，当改变占空比 $D = \dfrac{t_1}{T}$ 时，就可以得到不同的电机平均速度 V_a，从而达到调速的目的。严格来说，平均速度 V_a 与占空比 D 并非严格的线性关系，但是在一般的应用中，可以将其近似地看成是线性关系。

3.4.1.3　L298N 电机驱动模块

L298N 是一种全桥式电机驱动芯片。主要特点是：工作电压高，最高工作电压可达 46V；输出电流大，瞬间峰值电流可达 3A，持续工作电流为 2A；内含两个 H 桥。L298N 采用标准逻辑电平信号控制；具有两个使能控制端，可以用来驱动直流电机和步进电机、继电器线圈等感性负载；可以外接检测电阻，将变化量反馈给控制电路。L298N 可以驱动两个二相电机，也可以驱动一个四相电机，可以直接通过电源来调节输出电压；并可以直接用单片机的 I/O 口提供控制信号来调节输出电压，而且电路简单，使用比较方便。

L298N 电机驱动模块实物如图 3-4-3 所示。

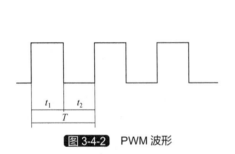

图 3-4-2　PWM 波形

图 3-4-3　L298N 电机驱动模块实物

L298N 电机驱动模块原理图如图 3-4-4 所示。

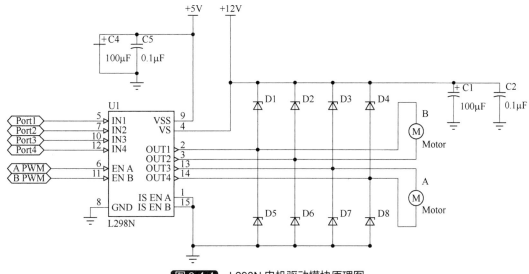

图 3-4-4 L298N 电机驱动模块原理图

电机模块主要参数指标有：

① 驱动芯片：L298N 双 H 桥直流电机驱动芯片。

② 驱动部分端子供电范围 V_s：+5~+35V；如需要板内取电，则供电范围 V_s：+7~+35V。

③ 驱动部分峰值电流 I_o：2A。

④ 逻辑部分端子供电范围 V_{ss}：+5~+7V（可板内取电+5V）。

该驱动板可驱动 2 路直流电机，使能端 ENA、ENB 为高电平时有效，控制方式及直流电机状态如表 3-4-1 所示。

表 3-4-1 L298N 电机控制模块控制逻辑

ENA	IN1	IN2	直流电机状态
0	X	X	停止
1	0	0	制动
1	0	1	正转
1	1	0	反转
1	1	1	制动

若要对直流电机进行 PWM 调速，需设置 IN1 和 IN2，确定电机的转动方向，然后对使能端输出 PWM 脉冲，即可实现调速。注意当使能信号为 0 时，电机处于自由停止状态；当使能信号为 1，且 IN1 和 IN2 为 00 或 11 时，电机处于制动状态，阻止电机转动。

3.4.2 STC12C5A60S2 系列单片机 PCA/PWM 应用

STC12C5A60S2 系列单片机集成了两路可编程计数器阵列（PCA）模块，可用于软件定时器、外部脉冲的捕捉、高速输出以及脉宽调制（PWM）输出。每个模块可编程工作在 4 种模式下：上升/下降沿捕获、软件定时器、高速输出或可调制脉冲输出。

3.4.2.1 PCA/PWM 模块结构

16 位 PCA 定时/计数器是 2 个模块的公共时间基准，其结构如图 3-4-5 所示。

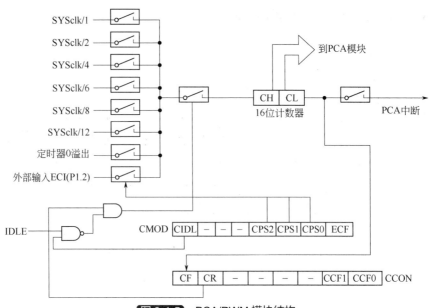

图 3-4-5 PCA/PWM 模块结构

3.4.2.2 PCA/PWM 相关寄存器

（1）PCA 工作模式寄存器（CMOD）

CMOD 的地址为 D9H；复位值为 00H。

寄存器格式：

SFR	Address	Bit	B7	B6	B5	B4	B3	B2	B1	B0
CCON	D9H	name	CIDL				CPS2	CPS1	CPS0	ECF

位功能说明：

① CIDL：空闲模式下是否停止 PCA 计数的控制位。

CIDL=0，空闲模式下 PCA 计数器继续工作。

CIDL=1，空闲模式下 PCA 计数器停止工作。

② CPS2、CPS1、CPS0：PCA 计数脉冲源选择控制位。具体功能如表 3-4-2 所示。

表 3-4-2 PCA 时钟源选择控制

CPS2	CPS1	CPS0	选择 PCA/PWM 时钟源输入
0	0	0	系统时钟/12，SYSclk/12
0	0	1	系统时钟/2，SYSclk/2
0	1	0	定时器 0 的溢出脉冲
0	1	1	ECI/P1.2(或 P4.1)脚输入的外部时钟
1	0	0	系统时钟，SYSclk
1	0	1	系统时钟/4，SYSclk/4
1	1	0	系统时钟/6，SYSclk/6
1	1	1	系统时钟/8，SYSclk/8

③ ECF：PCA 计数溢出中断使能位。

ECF=0，禁止寄存器 CCON 中 CF 位的中断。

ECF=1，允许寄存器 CCON 中 CF 位的中断。

（2）PCA 控制寄存器(CCON)

CCON 的地址为 D8H；复位值为 00H。

寄存器格式：

SFR	Address	Bit	B7	B6	B5	B4	B3	B2	B1	B0
CCON	D8H	name	CF	CR					CCF1	CCF0

位功能说明：

① CF：PCA 计数器阵列溢出标志位。

当 PCA 计数器溢出时，CF 由硬件置位。如果 CMOD 寄存器的 ECF 位置位，则 CF 标志可用来产生中断。CF 位可通过硬件或软件置位，但只可通过软件清零。

② CR：PCA 计数器阵列运行控制位。

该位通过软件置位，用来启动 PCA 计数器阵列计数；该位通过软件清零，用来关闭 PCA 计数器。

③ CCF1：PCA 模块 1 中断标志。

当出现匹配或捕获时该位由硬件置位。该位必须通过软件清零。

④ CCF0：PCA 模块 0 中断标志。

当出现匹配或捕获时该位由硬件置位。该位必须通过软件清零。

（3）PCA 比较/捕获寄存器（CCAPM0 和 CCAPM1）

CCAPM0 和 CCAPM1 寄存器的地址为 DAH、DBH；复位值为 00H。

寄存器格式：

SFR	Address	Bit	B7	B6	B5	B4	B3	B2	B1	B0
CCAPM0	DAH	name		ECOM0	CAPP0	CAPN0	MAT0	TOG0	PWM0	ECCF0

SFR	Address	Bit	B7	B6	B5	B4	B3	B2	B1	B0
CCAPM1	DBH	name		ECOM1	CAPP1	CAPN1	MAT1	TOG1	PWM1	ECCF1

位功能说明：

① ECOMn：允许比较器功能控制位。

ECOMn＝1，允许比较器功能。

② CAPP0：正捕获控制位。

CAPPn＝1，允许上升沿捕获。

③ CAPN0：负捕获控制位。

CAPNn＝1，允许下降沿捕获。

④ MAT0：匹配控制位。

MATn＝1，PCA 计数值与模块的比较/捕获寄存器的值的匹配将置位 CCON 寄存器的中断标志位 CCFn。

⑤ TOGn：翻转控制位。

TOGn＝1，工作在 PCA 高速输出模式，PCA 计数器的值与模块的比较/捕获寄存器的值的匹配将使 CEX0 脚翻转。

⑥ PWMn：脉宽调节模式。

PWMn＝1，允许 CEX0 脚用作脉宽调节输出。

⑦ ECCFn：使能 CCF0 中断。

使能寄存器 CCON 的比较/捕获标志 CCFn，用来产生中断。

PCA 模块的工作模式设定表如表 3-4-3 所示。

| 表 3-4-3 | | | | | | | PCA 工作模式 |

ECOMn	CAPPn	CAPNn	MATn	TOGn	PWMn	ECCFn	模块功能
0	0	0	0	0	0	0	无此操作
1	0	0	0	0	1	0	8 位 PWM，无中断
1	1	0	0	0	1	1	8 位 PWM 输出，由低变高可产生中断
1	0	1	0	0	1	1	8 位 PWM 输出，由高变低可产生中断
1	1	1	0	0	1	1	8 位 PWM 输出，由低变高或者由高变低均可产生中断
X	1	0	0	0	0	X	16 位捕获模式，由 CEXn/PCAn 的上升沿触发
X	0	1	0	0	0	X	16 位捕获模式，由 CEXn/PCAn 的下降沿触发
X	1	1	0	0	0	X	16 位捕获模式，由 CEXn/PCAn 的跳变触发
1	0	0	1	0	0	X	16 位软件定时器
1	0	0	1	1	0	X	16 位高速输出

（4）PCA 的 16 位计数器（低 8 位 CL 和高 8 位 CH）

CL 和 CH 地址分别为 E9H 和 F9H，复位值均为 00H，用于保存 PCA 的装载值。

（5）PCA 捕获/比较寄存器（CCAPnL 和 CCAPnH）

当 PCA 模块用于捕获或比较时，它们用于保存各个模块的 16 位捕获计数值；当 PCA 模块用于 PWM 模式时，它们用来控制输出的占空比。其中，n=0、1，分别对应模块 0 和模块 1。复位值均为 00H。它们对应的地址分别为：

CCAP0L—EAH、CCAP0H—FAH：模块 0 的捕获/比较寄存器。

CCAP1L—EBH、CCAP1H—FBH：模块 1 的捕获/比较寄存器。

（6）PCA 模块 PWM 寄存器(PCA_PWM0 和 PCA_PWM1)

PCA_PWM0 和 PCA_PWM1 的地址为 F2H、F3H；复位值为 00H。

寄存器格式：

SFR	Address	Bit	B7	B6	B5	B4	B3	B2	B1	B0
PCA_PWM0	F2H	name							EPC0H	EPC0L

SFR	Address	Bit	B7	B6	B5	B4	B3	B2	B1	B0
PCA_PWM1	F3H	name							EPC1H	EPC1L

位功能说明：

EPCnH：在 PWM 模式下，与 CCAPnH 组成 9 位数。

EPCnL：在 PWM 模式下，与 CCAPnL 组成 9 位数。

（7）辅助寄存器 1(AUXR1)

AUXR1 的地址为 A2H；复位值为 00H。

寄存器格式：

SFR	Address	Bit	B7	B6	B5	B4	B3	B2	B1	B0
AUXR1	A2H	name		PCA_P4	SPI_P4	S2_P4	GF2	ADRJ		DPS

位功能说明：将单片机的 PCA/PWM 功能从 P1 口设置到 P4 口。

PCA_P4：PCA/PWM 端口设置位。

PCA_P4=0，缺省 PCA 在 P1 口。

PCA_P4=1，PCA/PWM 从 P1 口切换到 P4 口；ECI 从 P1.2 切换到 P4.1 口；PCA0/PWM0 从 P1.3 切换到 P4.2 口；PCA1/PWM1 从 P1.4 切换到 P4.3 口。

3.4.2.3 PCA 的 PWM 工作模式

所有 PCA 模块都可用作 PWM 输出，PWM 工作模式的结构如图 3-4-6 所示。输出频率取决于 PCA 定时器的时钟源，由于所有模块共用仅有的 PCA 定时器，所以它们的输出频率相同。各个模块的输出占空比是独立变化的，与使用的捕获寄存器[EPCnL, CCAPnL]有关。当寄存器 CL 的值小于[EPCnL, CCAPnL]时，输出为低；当寄存器 CL 的值等于或大于[EPCnL, CCAPnL]时，输出为高。当 CL 的值由 FF 变为 00 溢出时，[EPCnH, CCAPnH]的内容装载到[EPCnL, CCAPnL]中。这样就可实现无干扰地更新 PWM。要使能 PWM 模式，模块 CCAPMn、寄存器的 PWMn 和 ECOMn 位必须置位。由于 PWM 是 8 位的，所以有下式：

$$\text{PWM 的频率} = \text{PCA 时钟输入源频率}/256$$

PCA 时钟输入源可以从以下 8 种中选择一种：SYSclk，SYSclk/2，SYSclk/4，SYSclk/6，SYSclk/8，SYSclk/12，定时器 0 的溢出，ECI/P3.4 输入。

如果要实现可调频率的 PWM 输出，可选择定时器 0 的溢出或者 ECI 脚的输入作为 PCA/PWM 的时钟输入源。

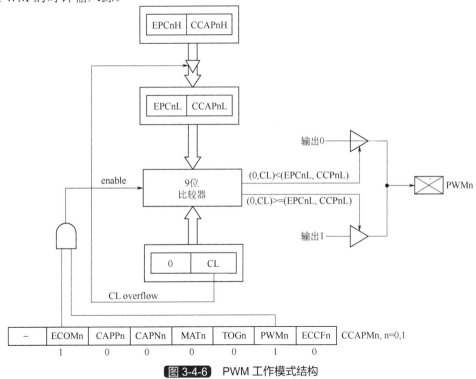

图 3-4-6 PWM 工作模式结构

3.4.3 PWM 电机控制单元子任务

3.4.3.1 单元子任务 4-1：MCS-51 单片机 PWM 控制

（1）单元子任务目标

基于 Proteus 仿真，利用定时计数器 T0，实现在 P1.0 端口生成 PWM 波。仿真原理图如图 3-4-7 所示。

（2）流程图分析

基于 MCS-51 单片机生成 PWM 波有多种方法，其中较为常用的是利用定时器生成最小时基单元，记录经过最小时基单元的个数，然后不断与 PWM 脉冲宽度与 PWM 周期设定值进行比较，从而控制信号输出。绘制流程图如图 3-4-8 所示。

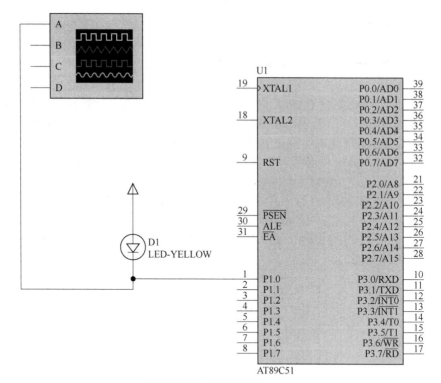

图 3-4-7 单片机控制 PWM

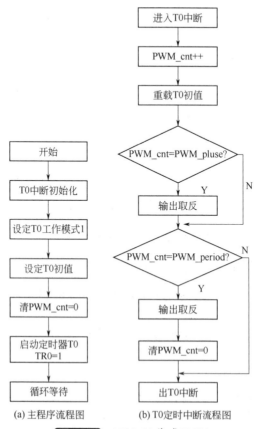

(a) 主程序流程图　　(b) T0定时中断流程图

图 3-4-8 MCS-51 生成 PWM

（3）C51 程序

根据流程图编写 C51 程序代码如下：

```
/*********************************************************************
* 文件名 ： 4-1-51PWM-C51.c
* 内容简述：本例程为 51 单片机采用定时器模拟 PWM 输出控制。
*引脚配置：
                P1.0 输出
* 版本号 ： V1.0          创建日期：2015-04-12
*********************************************************************/
/* Includes ------------------------------------------------------*/
#include <STC12C5A60S2.h>
/* 全局变量及函数说明---------------------------------------------*/
unsigned int PWM_timebase=1000;          //最小时基单元的机器周期数
unsigned int PWM_period=100;             //PWM 周期
unsigned int PWM_pluse=50;               //PWM 高电平时间
sbit PWM_pin_out=P1^0;                   //PWM 输出引脚

unsigned int PWM_cnt=0;
unsigned char PWM_TH0=0;
unsigned char PWM_TL0=0;
void T0_PWM_Init(void);
void T0_PWM_Isr(void);
/*********************************************************************
* 名    称：void main(void)
* 功    能：主函数
* 入口参数：无
* 出口参数：无
* 说    明：
*********************************************************************/
void main()
{
    T0_PWM_init();
    while(1);
}
/*********************************************************************
* 名    称：void T0_PWM_Init(void)
* 功    能：PWM 初始化
* 入口参数：无
* 出口参数：无
* 说    明：
*********************************************************************/
void T0_PWM_Init(void)
{
    ET0 = 1;                             ;T0 中断初始化
    PT0 = 0;
    EA = 1;
    AUXR &= 0x7F;
    TMOD &= 0xF0;                        ;定时器工作模式设定
    TMOD |= 0x01;
```

```
    PWM_TL0 = (65536-PWM_timebase)%256;        ;PWM 最小时间单元
    PWM_TH0 = (65536-PWM_timebase)/256;
    TL0 = PWM_TL0;                             ;定时器初值
    TH0 = PWM_TH0;
    TR0 = 1;                                   ;启动定时器
    PWM_pin_out=1;
    PWM_cnt=0;
}
/***********************************************************************
* 名    称：void T0_PWM_Isr(void) interrupt 1 using 0
* 功    能：PWM 定时中断
* 入口参数：无
* 出口参数：无
* 说    明：
***********************************************************************/
void T0_PWM_Isr(void) interrupt 1 using 0
{
    TL0 = PWM_TL0;
    TH0 = PWM_TH0;
    PWM_cnt++;
    if(PWM_cnt = = PWM_pluse)
    {
        PWM_pin_out=!PWM_pin_out;
    }
    if(PWM_cnt = = PWM_period)
    {
        PWM_pin_out=!PWM_pin_out;
        PWM_cnt=0;
    }
}
```

3.4.3.2 单元子任务 4-2：STC12 内部集成 PWM

（1）单元子任务目标

基于开发板，利用 STC12 系列单片机内部集成的 PCA 模块，实现 PWM 对于电机转速的控制。

（2）硬件资源及引脚分配

电机接口原理图如图 3-4-9 所示。

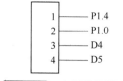

图 3-4-9 电机接口原理图

当利用 STC12 的 PCA 模块完成 PWM 生成时，只能采用 PWM1 模块，利用 P1.4 输出 PWM，P1.0 设置为低电平。

（3）流程图分析

根据题目要求，绘制流程图如图 3-4-10 所示。

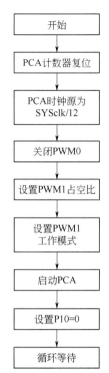

```
┌─────────┐
│   开始   │
└────┬────┘
     ▼
┌──────────────┐
│ PCA计数器复位 │
└──────┬───────┘
       ▼
┌──────────────┐
│  PCA时钟源为   │
│  SYSclk/12    │
└──────┬───────┘
       ▼
┌──────────────┐
│   关闭PWM0    │
└──────┬───────┘
       ▼
┌──────────────┐
│ 设置PWM1占空比 │
└──────┬───────┘
       ▼
┌──────────────┐
│   设置PWM1    │
│   工作模式     │
└──────┬───────┘
       ▼
┌──────────────┐
│   启动PCA     │
└──────┬───────┘
       ▼
┌──────────────┐
│  设置P10=0    │
└──────┬───────┘
       ▼
┌──────────────┐
│   循环等待     │
└──────────────┘
```

图 3-4-10 利用 PCA 模块生成 PWM 流程图

（4）C51 程序

根据流程图编写 C51 程序代码如下：

```c
/************************************************************************
* 文件名   : 4-2-PCAPWM-C51.c
* 内容简述:   本例程利用 STC12C5A60S2 内部集成 PCA 模块,进行 PWM 控制。由于开发板上 L298 模块
接口为 P1.4,P1.0,P0.4,P0.5 因此如果使用 PCA 控制 PWM,则只能使用 P1.4 引脚,采用 PWM1 模块
如果直接外扩,则可以使用 PWM0 模块。
*引脚配置:
    PWM0 模块输出--P1.3---暂时屏蔽
    PWM1 模块输出--P1.4
* 版本号   : V1.0         创建日期: 2015-04-12
************************************************************************/
/* Includes ---------------------------------------------------------*/
#include <STC12C5A60S2.h>
/* 全局变量及函数说明-------------------------------------------------*/
void PWM_Configuration(unsigned char PWM_Duty);
/************************************************************************
* 名    称: void main(void)
* 功    能: 主函数
* 入口参数: 无
* 出口参数: 无
* 说    明:
************************************************************************/
void main()
{
    PWM_Configuration(0x80);
    while (1);
}
```

```
/*************************************************************
* 名    称: void PWM_Configuration(unsigned char PWM_Duty)
* 功    能: PWM 配置函数
* 入口参数: unsigned char PWM_Duty
* 出口参数: 无
* 说    明: 使用 PWM1 模块，关闭了 PWM0 模块。
    PWM_Duty 取值范围（0x00~0xFF）。
    低电平有效，PWM_Duty 取值越大，高电平输出时间越小
*************************************************************/
void PWM_Configuration(unsigned char PWM_Duty)
{
    CCON = 0;
    CL = 0;                              //PCA 计数器复位
    CH = 0;
    CMOD = 0x00;                         //设置 PCA 时钟源为 SYSclk/12
    CCAP0H = CCAP0L = 0xff;              //PWM0 占空比设置，实际等效关闭 PWM0
    PCA_PWM0 = 0x03;
    CCAPM0 = 0x42;                       //PCA module-0 PWM 输出模式
    CCAP1H = CCAP1L = PWM_Duty;          //PWM1 输出占空比,
    CCAPM1 = 0x42;                       //PCA module-1 PWM 输出模式
    CR = 1;                              //PCA 启动
    P10 =0;                              //298 模块控制利用 P1.0 与 P1.4,PWM1 输出为 P1.4 引
                                         脚，将 P1.0 置为低电平
}
```

3.5 单元任务 5：无线通信模块

★ 任务目标：
① 学习单片机串行口结构与原理。
② 学习无线蓝牙串口模块应用。
③ 建立虚拟串口调试环境。
④ 完成单元子任务 5-1：UART 与 PC 间数据收发应用。
⑤ 完成单元子任务 5-2：基于 UART2 蓝牙串口模块应用。

3.5.1 串行口结构与原理

MCS-51 单片机内部有一个全双工异步串行通信口。如果在串行口的输入输出引脚上加上电平转换器，就可方便地构成标准的 RS-232 接口。

3.5.1.1 串行通信的基本概念

计算机通信有两种基本方式：并行通信方式和串行通信方式。在并行通信方式中，数据并行传送，数据传送速率高，但需要用与数据位数目相同的传输线传送，这种方式适合近距离通信。而串行通信是将并行数据转换成串行数据，逐位传送。因此，串行通信最少只用 2 条传输线即可进行，特别是借用电话线来实现两地之间的远程串行通信，这个优点使得计算机串行通信获得广泛应用。

（1）串行数据通信的两种形式

① 异步通信：接收器和发送器有各自的时钟，工作是非同步的。异步通信用一帧来表示一个字符，其内容如下：一个起始位，紧接着是若干个数据位。

② 同步通信：发送器和接收器由同一个时钟源控制，去掉了起始位和停止位，只在传输数据块时先送出一个同步头（字符）标志即可。同步传输方式比异步传输方式速度快，但它必须要用一个时钟来协调收发器的工作，所以它的设备也较复杂。

（2）数据通信的传输方式

常用于数据通信的传输方式有单工、半双工、全双工方式。通信模式如图 3-5-1 所示。

① 单工方式：数据仅按一个固定方向传送。因而这种传输方式的用途有限，常用于基于串行口的打印数据传输及简单系统间的数据采集。

② 半双工方式：数据可实现双向传送，但不能同时进行，实际的应用一般采用某种协议实现收/发开关转换。

③ 全双工方式：允许双方同时进行数据双向传送，但一般全双工传输方式的线路和设备较复杂。

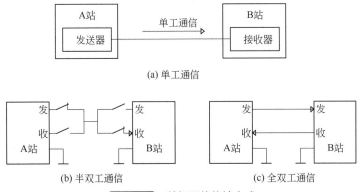

图 3-5-1 数据通信传输方式

3.5.1.2 MCS-51 单片机串行口的结构及工作原理

MCS-51 单片机的全双工串行口在结构上具有一个完善的通用异步收发器（UART），有四种工作方式，通信过程由软件编程实现。

（1）MCS-51 单片机串行口结构

MCS-51 单片机的串行口结构如图 3-5-2 所示，由两个物理上独立的接收和发送缓冲器 SBUF（共用一个逻辑地址 99H）、一个串行口控制寄存器（SCON）、由 T1 构成的波特率发生器、移位寄存器等部件组成的通用异步收发器（UART）。串行口功能的设定以及数据的收发是通过对 T1 波特率发生器的设定和对 SCON、SBUF 的编程来实现的。

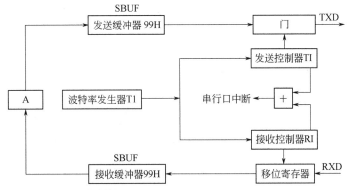

图 3-5-2 MCS-51 单片机的串行口结构

（2）串行口相关寄存器

① 串行通信控制寄存器（SCON）。

SCON 的地址为 98H；位地址为 98H~9FH；复位值为 00H。

寄存器格式：

SFR	Address	Bit	B7	B6	B5	B4	B3	B2	B1	B0
SCON	98H	name	SM0	SM1	SM2	REN	TB8	RB8	TI	RI

位功能说明：用于串行数据的通信控制，可位寻址。

• SM0、SM1：串行口工作方式控制位。具体功能如表 3-5-1 所示。

表 3-5-1　串行口工作方式

SM0	SM1	工作方式	功能	波特率
0	0	方式 0	8 位同步移位寄存器	机器周期/12
0	1	方式 1	10 位 UART	可变
1	0	方式 2	11 位 UART	机器周期/64 或机器周期/32
1	1	方式 3	11 位 UART	可变

• SM2：多机通信控制位。

多机通信是工作于方式 2 和方式 3，因此 SM2 位主要用于方式 2 和方式 3。

SM2=1，只有当接收到第 9 位数据（RB8）为 1 时，才把接收到的前 8 位数据送入 SBUF，且置位 RI 发出中断申请，否则会放弃接收到的数据。

SM2=0，不管第 9 位数据是 0 还是 1，都将数据送入 SBUF，并发出中断申请。串口工作于方式 0 时，SM2 必须为 0。

• REN：允许接收位。

REN=1，允许接收。

REN=0，禁止接收。

• TB8：发送接收数据位 8。

在方式 2 和方式 3 中，TB8 是要发送的——即第 9 位数据位。在多机通信中同样也要传输这一位，并且它代表传输的地址还是数据，TB8=0 时为数据，TB8=1 时为地址。

• RB8：接收数据位 8。

在方式 2 和方式 3 中，RB8 存放接收到的第 9 位数据，用以识别接收到的数据特征。

• TI：发送中断标志位。

TI=1，帧发送结束，TI 可由软件清 0。

• RI：接收中断标志位。

RI=1，帧接收完成，RI 可由软件清 0。

② 电源管理寄存器（PCON）。

PCON 的地址为 87H；复位值为 00H。

寄存器格式：

SFR	Address	Bit	B7	B6	B5	B4	B3	B2	B1	B0
PCON	87H	name	SMOD							

位功能说明：

SMOD：串行口波特率倍增位。

SMOD=0，串行口波特率不加倍。系统复位默认为 SMOD=0。

SMOD=1，串行口波特率加倍。

③ 中断允许寄存器（IE）。

IE 的地址为 A8H；位地址为 AFH~A8H；复位值为 00H。

寄存器格式：

SFR	Address	Bit	B7	B6	B5	B4	B3	B2	B1	B0
IE	A8H	name	EA			ES	ET1	EX1	ET0	EX0

位功能说明：

• EA：中断允许总控制位。

EA=0，中断总禁止。

EA=1，中断总允许。中断的禁止与允许由各中断源的中断允许控制位进行设置。

• ES：串行中断允许控制位。

ES＝0，禁止串行中断。

ES＝1，允许串行中断。

④ 串行发送、接收缓冲器（SBUF）。

SBUF 是由发送缓冲器和接收缓冲器两个独立的缓冲器组成的，二者共用一个逻辑地址 99H。写这个地址时，是将数据写入发送缓冲器，启动发送；读这个地址时，是读接收缓冲器，接收数据。

3.5.1.3 串行口工作方式

（1）方式 0——移位寄存器方式

方式 0 用于 I/O 口扩展，可外接移位寄存器以扩展 I/O 口，也可以外接同步输入/输出设备。8 位串行数据者是从 RXD 输入或输出，TXD 用来输出同步脉冲。

输出：串行数据从 RXD 引脚输出，TXD 引脚输出移位脉冲。CPU 将数据写入发送寄存器时，立即启动发送，将 8 位数据以 $f_{osc}/12$（f_{osc}：同晶振频率）的固定波特率从 RXD 输出，低位在前，高位在后。发送完一帧数据后，发送中断标志 TI 由硬件置位。串口方式 0 输出应用原理图如图 3-5-3 所示，方式 0 输出时序图如图 3-5-4 所示。

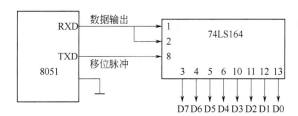

图 3-5-3　方式 0 输出原理图

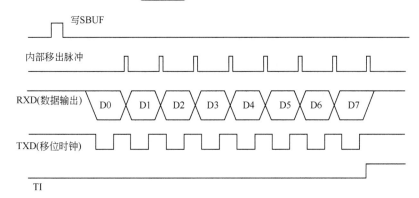

图 3-5-4　方式 0 输出时序图

输入：当串行口以方式 0 接收时，先置位允许接收控制位 REN。此时，RXD 为串行数据输入端，TXD 仍为同步脉冲移位输出端。当 RI=0 和 REN=1 同时满足时，开始接收。当接收到第 8 位数据时，将数据移入接收寄存器，并由硬件置位 RI。串口方式 0 输入应用原理图如图 3-5-5 所示，方式 0 输入时序图如图 3-5-6 所示。

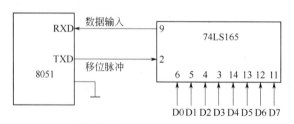

图 3-5-5　方式 0 输入原理图

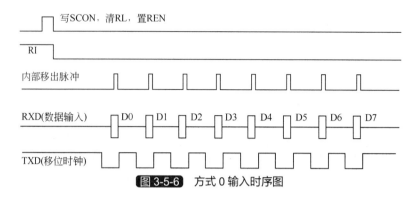

图 3-5-6　方式 0 输入时序图

（2）方式 1——波特率可变的 10 位 UART 方式

在这种方式下，串行口按串行通信字符格式在发送的 8 位数据前嵌入一个起始位，在 8 位数据后嵌入一个停止位，10 位作为一帧发送。波特率可按需求设定。接收方以同样方式和波特率接收数据。数据格式如图 3-5-7 所示。

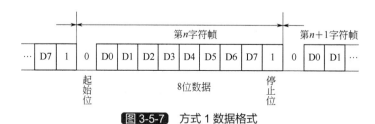

图 3-5-7　方式 1 数据格式

输出：当 CPU 执行一条指令将数据写入发送缓冲 SBUF 时，就启动发送。串行数据从 TXD 引脚输出，发送完一帧数据后，就由硬件置位 TI。方式 1 输出时序如图 3-5-8 所示。

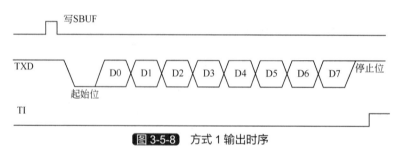

图 3-5-8　方式 1 输出时序

输入：在 REN=1 时，串行口采样 RXD 引脚，当采样到 1 至 0 的跳变时，确认是开始位 0，就开始接收一帧数据。只有当 RI=0 且停止位为 1 或者 SM2=0 时，停止位才进入 RB8，8 位数据才能进入接收寄存器，并由硬件置位中断标志 RI；否则信息丢失。所以在方式 1 接收时，应先用软件清零 RI 和 SM2 标志。方式 1 输入时序如图 3-5-9 所示。

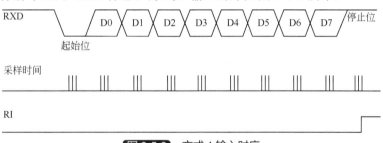

图 3-5-9 方式 1 输入时序

（3）方式 2——固定波特率的 11 位 UART 方式

在这种方式下，TB8 作为发送的第 9 位数据，8 位数据和第 9 位 TB8 与起始位和停止位，共 11 位构成一帧。发送的第 9 位数据 TB8 是发送 8 位（D0~D7）数据的附加信息位，在双机通信时它可以代表数据的奇偶性，在多机通信时，它可以表明所发的 8 位数据（D_0~D_7）是地址信息还是数据信息，第 9 位作为附加信息位与 SM2（多机通信控制位）配合，完成多个分机的寻址。第 9 位数据 TB8 在发送前由程序设定。通信方式 2 的波特率，有两种选择：$1/64f_{osc}$ 或 $1/32f_{osc}$，由 PCON 的最高位 SMOD 是 0 还是 1 确定。数据格式如图 3-5-10 所示。

图 3-5-10 方式 2 数据格式

输出：发送的串行数据由 TXD 端输出一帧信息为 11 位，附加的第 9 位来自 SCON 寄存器的 TB8 位，用软件置位或复位。它可作为多机通信中地址/数据信息的标志位，也可以作为数据的奇偶校验位。当 CPU 执行一条数据写入 SUBF 的指令时，就启动发送器发送。发送一帧信息后，置位中断标志 TI。

输入：在 REN=1 时，串行口采样 RXD 引脚，当采样到 1 至 0 的跳变时，确认是开始位 0，就开始接收一帧数据。在接收到附加的第 9 位数据后，当 RI=0 或者 SM2=0 时，第 9 位数据才进入 RB8，8 位数据才能进入接收寄存器，并由硬件置位中断标志 RI；否则信息丢失。且不置位 RI。再过一位时间后，不管上述条件是否满足，接收电路自行复位，并重新检测 RXD 上从 1 到 0 的跳变。

（4）方式 3——可变波特率的 11 位 UART 方式

方式 3 与方式 2 类似。它们之间的区别在于方式 3 波特率可变，更适用于要求以某一波特率进行通信的场合。

3.5.1.4 多机通信

MCS-51 单片机具有多机通信的功能，可实现一台主机与多台从机的通信。多机通信系统结构如图 3-5-11 所示。多机通信充分利用了单片机内部的多机通信控制位 SM2。当从机 SM2=1 时，从机只接收主机发出的地址帧（第 9 位为 1），对数据帧（第 9 位为 0）不予理睬；而当 SM2=0 时，可接收主机发送过来的所有信息。

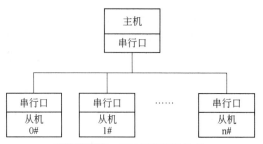

图 3-5-11 多处理机通信连接

多机通信过程如下：

① 所有从机 SM2 均置 1，处于只接收地址帧状态。

② 主机先发送一个地址帧，其中前 8 位数据表示地址，第 9 位为 1 表示为地址帧。

③ 所有从机接收到地址帧后，进行中断处理，把接收到的地址与自身地址相比较。地址相符时将 SM2 清 0，脱离多机状态，地址不相符的从机不作任何处理，即保持 SM2＝1。

④ 地址相符的从机 SM2＝0，可以接收到主机随后发来的信息，即主机发送的所有信息。收到信息 TB8＝0，则表示是数据帧，而对于地址不符的从机 SM2＝1，收到信息 TB8＝0，则不予理睬，这样就实现了主机与地址相符的从机之间的双机通信。

⑤ 被寻址的从机通信结束后置 SM2＝1，恢复多机通信系统原有的状态。

总结 SM2、RB8 与从机动作关系如表 3-5-2 所示。

表 3-5-2　SM2、RB8 与从机动作关系

SM2	RB8	从机动作
1	0	不能接收数据
1	1	能收到主机发的数据（TB8＝1，地址信息）
0	0	进入串口中断，对接收的数据进行处理
0	1	进入串口中断，对接收的数据进行处理

3.5.1.5　串行通信中波特率设置

MCS-51 单片机串行通信的波特率随工作方式选择不同而异。

（1）方式 0

方式 0 时，每个机器周期产生一个移位时钟，发送或接收一位数据。因此，波特率固定为振荡频率的 1/12，并不受 PCON 寄存器中 SMOD 位的影响。方式 0 时波特率生成结构如图 3-5-12 所示。

例如：f_{osc}＝6MHz 时，若串行口工作在方式 0 移位寄存器方式时，其发送、接收数据的波特率为 0.5Mbps。

图 3-5-12　方式 0 时波特率生成结构

（2）方式 2

方式 2 波特率生成结构如图 3-5-13 所示。方式 2 波特率取决于 PCON 中 SMOD 位的值：SMOD＝0 时，波特率为 f_{osc} 的 1/64；

SMOD=1 时，波特率为 f_{osc} 的 1/32。

即：方式 2 波特率=$(2^{SMOD}/64) \times f_{osc}$

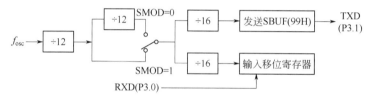

图 3-5-13 方式 2 时波特率生成结构

（3）方式 1 和方式 3

方式 1 和方式 3 的移位时钟脉冲由定时器 T1 产生，如图 3-5-14 所示。因此，MCS-51 串行口方式 1 和方式 3 的波特率由定时器 T1 的溢出率与 SMOD 值共同决定。即

方式 1、方式 3 波特率=$(2^{SMOD}/32) \times$T1 溢出率　　　　　　（3-5-1）

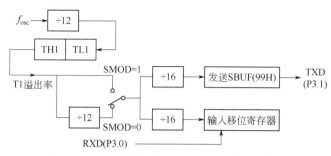

图 3-5-14 方式 1 与方式 3 时波特率生成结构

因为方式 2 为自动重装入初值的 8 位定时器/计数器模式，所以用它来做波特率发生器最恰当。设装入 TH1 的初值为 X。

$$\text{T1 溢出率}=f_{osc}/[12 \times (256-X)]　　　　　　（3-5-2）$$

因此：

$$\text{波特率}=[(2^{SMOD})/32] \times f_{osc}/[12 \times (256-X)]　　　　　　（3-5-3）$$

在波特率设置中，由于 SMOD 位有两种选择，而不同的选择会出现不同的四舍五入的约简，而这种不同选择造成的约简误差是不同的，所以，选择不同的 SMOD 值，所产生的波特率值与实际要求的波特率值是有误差的。因此，在实际通信中通信的双方应在系统 f_{osc} 相同情况下，选择同样的 SMOD 值计算定时常数，并选择相对误差较小的 SMOD 值。为了保证通信的可靠性，通信双方的波特率误差不大于 2.5%。当不同机种，或不同 f_{osc} 系统之间互相通信时要特别注意它们波特率的一致性。

当时钟频率选用 11.0592MHz 时，容易获得标准的波特率，所以很多单片机系统选用这个看起来"怪"的晶振就是这个道理。表 3-5-3 列出了定时器 T1 工作于方式 2 常用波特率及初值。

表 3-5-3 定时器 T1 工作于方式 2 常用波特率及初值

常用波特率	f_{osc}/MHz	SMOD	TH1 初值
19200	11.0592	1	FDH
9600	11.0592	0	FDH
4800	11.0592	0	FAH
2400	11.0592	0	F4H
1200	11.0592	0	E8H

3.5.1.6　串行口通信编程机制

决定编程机制的先决条件是 MCS-51 单片机的硬件结构及芯片内部 CPU 的执行机制。根据串行通信口硬件结构，实现 UART 通信可以分为两步。

（1）初始化串行口（UART）

初始化串行口流程如下：

① 配置 SCON：设定串口方式（SM0 及 SM1 位配置 4 种方式）；串口是否要接收数据（REN 位）。

② 设定 PCON 寄存器的 SMOD 位（若非串口方式 0）

③ 配置定时器：若串口为方式 1 和方式 3，则需要配置 TMOD，选择定时器 1 并配置其初值装载方式（M1、M0 位），并设置 TH1，TL0 的初值以确定通信的波特率（由波特率的计算公式），然后配置 TCON，开启定时器 1（TR1）。

④允许使用中断（ES），开启 UART 中断（EA）。

（2）程序实现：编写发送/接收数据代码及中断服务程序

程序的大体框架为 main 主函数、串行中断服务程序、子函数（初始化串口、延时函数、字符串处理函数等）。

① 首先用程序实现串行通信的初始化。

在串行通信初始化过程中，通常需要对定时器 1 进行初始化，注意需要的是需要打开定时器 T1，但是不能开启定时器 1 的中断。具体示例如下。

```
void  UART_Init(void)
{
    SCON=0x40;              //串口方式 1
    PCON=0;                 //SMOD=0
    REN=1;                  //允许接收
    TMOD=0x20;              //定时器 1 定时方式 2
    TR1=1;                  //启动定时器
    ES=1;                   //UART 中断
    EA=1;                   //中断使能
}
```

② 用程序实现发数据。

将要发送的数据赋值给 SBUF 即可。

```
SBUF=aChar;
while(TI= =0);             //等待，直到发送成功
TI=0;
```

这是发送一次数据（如一个字符，在串口发送方式 1 下占 10 个位）的代码，可单独写成函数。此种写法不可以将"TI=0;"写在中断函数中，不然会造成死循环。

③ 在中断函数中接收数据。

不管发送数据成功还是接收到数据都会进入到中断程序中，故而在中断程序中判断是否 RI 被置位为 1，如是则表示收到了数据。

```
void UART_Receive_Int() interrupt 4
{
    if(RI= =1)
    {
        RI=0;
        if(index<1)
```

```
        {
            Receive[index]=SBUF;
            index++;
        }
        else
        {
            index=0;
        }
    }
}
```

然后只需要在主程序 main 函数中调用串行口初始化函数及用一定的逻辑调用数据发送函数即可。

3.5.1.7 单片机与 PC 机之间通信

目前的几种串行通信接口标准都是在 RS-232 标准的基础上经过改进而形成的。RS-232C 标准是美国 EIA（电子工业联合会）与 Bell 等公司一起开发的、于 1969 年公布的通信协议。RS（Recommended Standard）代表推荐标准，232 是标识号，C 代表 RS-232 的最新一次修改（1969），在这之前，有 RS-232B、RS-232A。它规定连接电缆和机械、电气特性、信号功能及传送过程,适合于数据传输速率在 0~20000bit/s 范围内的通信。后来 IBM 的 PC 机将 RS-232 简化成了 DB-9 连接器，通信设备厂商都生产与 RS-232C 制式兼容的通信设备，从而成为事实标准。而工业控制的 RS-232 口一般只使用 RXD、TXD、GND 三条线。

单片机开发的时候经常会利用串行口将单片机与 PC 机连接，一般采用 9 针的 DB9 串行接口居多。DB9 分为 9 针公插头与 9 针母插座，通常 PC 端为公头，如图 3-5-15 所示。引脚功能如表 3-5-4 所示。

图 3-5-15　RS-232 接口

表 3-5-4　RS-232 引脚功能

引脚	标识	功能
1	DCD	载波检测
2	RXD	接收数据
3	TXD	发送数据
4	DTR	数据终端准备好
5	SGND	信号地线
6	DSR	数据准备好
7	RTS	请求发送
8	CTS	清除发送
9	RI	振铃提示

单片机电平是 TTL 电平，它与 RS-232C 电平不兼容，必须进行电平转换。电平转换的电路很多，MAX232 是一种新型的专用集成电路，类似的集成电路还很多。图 3-5-16 是 MAX232 的内部结构图。MAX232 与单片机连接原理图如图 3-5-17 所示。

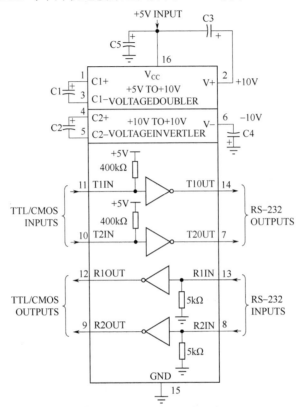

图 3-5-16 MAX232 内部结构图

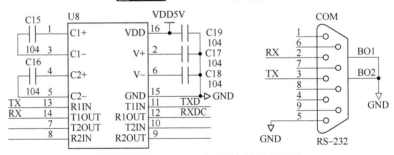

图 3-5-17 MAX232 与单片机连接原理图

3.5.2 STC12C5A60S2 串口 2 原理及应用

　　STC12C5A60S2 系列单片机具有 2 个全双工串行通信接口（串口 1 和串口 2）。每个串行口由 2 个数据缓冲器、一个移位寄存器、一个串行控制寄存器和一个波特率发生器等组成。每个串行口的数据缓冲器由 2 个互相独立的接收、发送缓冲器构成，可以同时发送和接收数据。串口 1 的结构及应用与 MCS-51 的串口相同。串行口 1 的两个缓冲器共用的地址码是 99H；串行口 2 的两个缓冲器共用的地址码是 9BH。串行口 1 的两个缓冲器统称串行通信特殊功能寄存器 SBUF；串行口 2 的两个缓冲器统称串行通信特殊功能寄存器 S2BUF。下面主要介绍串口 2 的结构与应用。

3.5.2.1 串口 2 相关寄存器

（1）串行口 2 控制寄存器（S2CON）

S2CON 的地址为 9AH；复位值为 00H。

寄存器格式：

SFR	Address	Bit	B7	B6	B5	B4	B3	B2	B1	B0
S2CON	9AH	name	S2SM0	S2SM1	S2SM2	S2REN	S2TB8	S2RB8	S2TI	S2RI

位功能说明：串行口 2 控制寄存器 S2CON 的功能与串口 1 控制寄存器 SCON 的功能基本相同。

（2）独立波特率发生器寄存器（BRT）

BRT 的地址为 9CH；复位值为 00H。

功能：用于保存重装时间常数。STC12C5A60S2 系列单片机是 1T 的 8051 单片机，复位后兼容传统 8051 单片机。串口 2 只能使用独立波特率发生器作为波特率发生器，不能选择定时器 1 做波特率发生器；串口 1 可以选择定时器 1 做波特率发生器，也可以选择独立波特率发生器作为波特率发生器。

（3）辅助寄存器（AUXR）

AUXR 的地址为 8EH；复位值为 00H。

寄存器格式：

SFR	Address	Bit	B7	B6	B5	B4	B3	B2	B1	B0
AUXR	8EH	name	T0x12	T1x12	UART_M0x6	BRTR	S2SMOD	BRTx12	EXTRAM	S1BRS

位功能说明：

• BRTR：独立波特率发生器运行控制位。

BRTR=0，不允许独立波特率发生器运行。

BRTR=1，允许独立波特率发生器运行，允许独立波特率发生器运行。

• S2SMOD：串口 2 的波特率加倍控制位

S2SMOD=0，串口 2 的波特率不加倍。

S2SMOD=1，串口 2 的波特率加倍。

• BRTx12：独立波特率发生器计数控制位。

BRTx12=0，独立波特率发生器每 12 个时钟计数一次。

BRTx12=1，独立波特率发生器每 1 个时钟计数一次。

（4）中断允许寄存器 2（IE2）

IE2 的地址为 AFH；复位值为 00H。

寄存器格式：

SFR	Address	Bit	B7	B6	B5	B4	B3	B2	B1	B0
IE2	AFH	name							ESPI	ES2

位功能说明：

ES2：串行口 2 中断允许位。

ES2=1，允许串行口 2 中断。

ES2=0，禁止串行口 2 中断。

（5）中断优先级控制寄存器（IP2 和 IP2H）

IP2H 寄存器格式：

SFR	Address	Bit	B7	B6	B5	B4	B3	B2	B1	B0
IP2H	B6H	name							PSPIH	PS2H

IP2 寄存器格式：

SFR	Address	Bit	B7	B6	B5	B4	B3	B2	B1	B0
IP2	B5H	name							PSPI	PS2

位功能说明：

PS2H，PS2:串行口 2 中断优先级控制位。

当 PS2H=0 且 PS2=0 时，串行口 2 中断为最低优先级中断（优先级 0）。

当 PS2H=0 且 PS2=1 时，串行口 2 中断为较低优先级中断（优先级 1）。

当 PS2H=1 且 PS2=0 时，串行口 2 中断为较高优先级中断（优先级 2）。

当 PS2H=1 且 PS2=1 时，串行口 2 中断为最高优先级中断（优先级 3）。

（6）辅助寄存器 （AUXR1）

AUXR1 的地址为 A2H；复位值为 00H。

寄存器格式：

SFR	Address	Bit	B7	B6	B5	B4	B3	B2	B1	B0
AUXR1	A2H	name	—	PCA_P4	SPI_P4	S2_P4	GF2	ADRJ	—	DPS

位功能说明：

S2_P4:串口 2 端口选择。

S2_P4=0，缺省 UART2 在 P1 口。

S2_P4=1，UART2 从 P1 口切换到 P4 口；TxD2 从 P1.3 切换到 P4.3 口；RxD2 从 P1.2 切换到 P4.2 口。

3.5.2.2 串口 2 使用流程

在使用串口 2 时，基本使用方法与串口 1 相似，不同之处在于串口 2 使用独立的波特率发生器，以及串口 2 相关的中断及中断优先级设置。具体流程如下：

① 设置串口 2 的工作模式。S2CON 寄存器中的 S2SM0 和 S2SM1 决定了串口 2 的 4 种工作模式。

② 设置串口 2 的波特率相应的寄存器和位。BRT 独立波特率发生器寄存器，BRTx12 位，S2SMOD 位。

③ 启动独立波特率发生器。置 BRTR 位为 1，BRT 独立波特率发生器寄存器就立即开始计数。

④ 设置串口 2 的中断优先级，及打开中断相应的控制位。设置 PS2、PS2H、ES2、EA 等位。

⑤ 如要串口 2 接收，将 S2REN 置 1。

⑥ 如要串口 2 发送，将数据送入 S2BUF 即可。

⑦ 接收完成标志 S2RI，发送完成标志 S2TI，要由软件清 0。

3.5.3 蓝牙串口模块——HC-05

3.5.3.1 HC-05 模块概述

HC-05 蓝牙模块面向智能无线数据传输，采用英国 CSR 公司 BlueCore4-Ext 芯片，遵循蓝牙 V2.0+EDR 规范，最高传输速率可达 2.1Mbps，传输距离超过 20m。用户可根据需要使用 AT 指令更改串口波特率、设备名称、配对密码等参数，使用灵活。HC-05 嵌入式蓝牙串口通信模块（以下简称模块）具有两种工作模式：命令响应工作模式和自动连接工作模式，在自动连接工作模式下模块又可分为主（Master）、从（Slave）和回环（Loopback）三种工作角色。当模块处于自动连接工作模式时，将自动根据事先设定的方式连接的数据传输；当模块处于命令响应工作模式时能执行下述所有 AT 命令，用户可向模块发送各种 AT 指令，为模块设定控制参数或发布控制命令。通过控制模块外部引脚（PIO11）输入电平，可以实现模块工作状态的动态转换。模块外观如图 3-5-18 所示。具体 AT 指令的应用参看模块手册。

(a) 正面　　　　　　　　　　　　　(b) 背面

图 3-5-18　HC-05 外观图

HC-05 模块特性：

① 核心模块使用 HC-05 从模块，引出接口包括 VCC、GND、TXD、RXD、KEY 引脚、蓝牙连接状态引出脚（STATE），未连接输出为低，连接后输出为高。

② LED 指示蓝牙连接状态，快闪表示没有蓝牙连接，慢闪表示进入 AT 模式，双闪表示蓝牙已连接并打开了端口。

③ 空旷地有效距离 10m（功率等级为 CLASS 2），超过 10m 也是可能的，但不对此距离的连接质量做保证。

④ 配对以后当全双工串口使用，无需了解任何蓝牙协议，支持 8 位数据位、1 位停止位、可设置奇偶校验的通信格式，这也是最常用的通信格式，不支持其他格式。

⑤ 可通过 AT 命令切换为主机或者从机模式，可通过 AT 命令连接指定设备。

⑥ 支持从 4800~1382400bps 间的标准波特率。

3.5.3.2　蓝牙调试助手

蓝牙串口助手是一款基于 RFCOMM 蓝牙串口服务的传输软件，通过该软件可以连接蓝牙串口模块进行通信，实现手机和串口连接。类似计算机的串口调试助手，是电子工程师的开发利器。其主要界面如图 3-5-19 所示。

该软件有以下功能：

① 发现和连接蓝牙串口模块。

② 接收和发送数据。

③ 可选择 ASCII 码显示或 HEX 十六进制显示。

④ 发送十六进制数据。

⑤ 将串口接收到的数据保存成.txt 文件。

⑥ 对发送和接收的字节进行计数。

⑦ 按设置的时间间隔发送数据。

图 3-5-19　蓝牙调试助手界面

3.5.4　虚拟串口仿真环境的建立

虚拟串口是计算机通过软件模拟的串口，当其他计软件使用到串口的时候，可以通过调用虚拟串口仿真模拟，以查看所设计的正确性。虚拟串口仿真环境的建立，能够在单台计算机上实现串口通信程序的纯软件仿真调试，既不需要硬件仿真器，又对计算机的串行通信接口无任何要求，给串口编程的调试仿真带来极大方便。

3.5.4.1　拟串口软件——PD

虚拟串口驱动程序 VSPD（Virtual Serial Ports Drive）由软件公司 Eltima 制作，能够创造数对"虚拟"的串行端口，每对串口虚拟互联，在一般程序看来，这些"虚拟"的串行端口跟实体的串行端口完全一致。因此，在单台计算机上运行 VSPD 即可达到串口扩展的目的。VSPD 设置界面如图 3-5-20 所示。

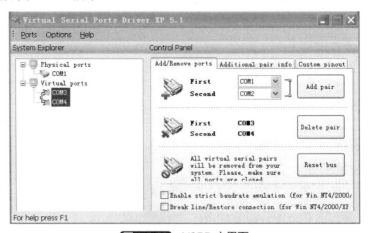

图 3-5-20　VSPD 主界面

例如设置的虚拟串口是 COM3 和 COM4，软件只能成对设置，主要是因为通信时，一方可以监视另一方，如果仅设置 1 个虚拟串口的话，如用 COM3 发送接收数据，但发送了什么接收到什么，将无法验证其正确与来源。软件设置时将所设置的两个虚拟串口对接，这样就可实现发送与接收的监视。从设备管理器中可以看到虚拟串口添加情况，如图 3-5-21 所示。

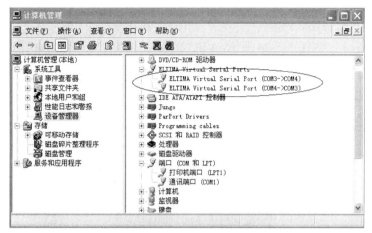

图 3-5-21　添加虚拟串口

两个虚拟串口的连接方式如图 3-5-22 所示。

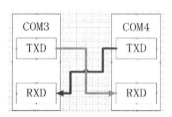

图 3-5-22　两个虚拟串口的连接方式

这样就可以用串口调试助手调试串口通信了，从图 3-5-23 可以看到 COM3 发送的数据到达了 COM4 的接收区域，COM4 发送的数据到达了 COM3 的接收区域，从而实现了 COM3 与 COM4 之间的互联互通。测试效果如图 3-5-23 所示。这样虚拟串口已经设置好，对其他设计软件而言，虚拟串口和普通串口没有区别，如串口调试助手对虚拟串口的使用和普通串口的使用方法一样。

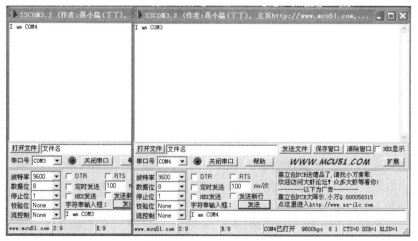

图 3-5-23　虚拟串口测试

3.5.4.2　虚拟串口在 Proteus 中的使用

先在 Proteus 中将环境建立起来。VIRTUAL TERMINAL 是串口监视仪器，可以通过它将数据线上的符合 RS-232 协议的波形捕捉到，并显示出来，也可以往数据线上发送 RS232 协议的波形；COMPIM 为串口元件，可设置占用计算机上哪一个串口，可以是"实际串口"，也可以是"虚拟串口"。如图 3-5-24 所示，VIRTUAL TERMINAL 的 TXD 与 COMPIM 的 TXD 相连，RXD 与 RXD 相连。

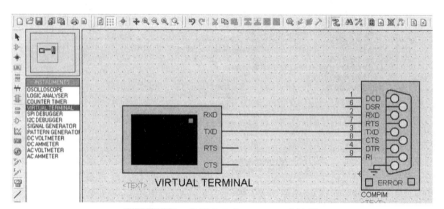

图 3-5-24　虚拟串口在 Proteus 中连接

下一步设置通信速率以及通信格式，在属性框中实现设置相同的就行了。这样就可实现数据的通信了。如图 3-5-25 所示。

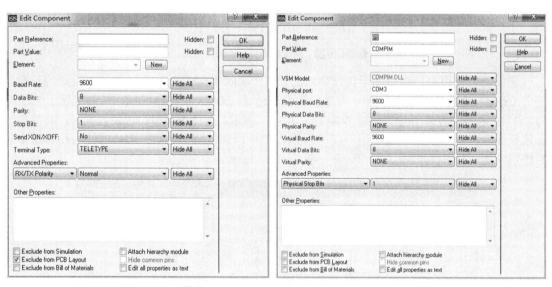

(a) VIRTUAL TERMINAL 设置　　　　　　(b) COMPIM 设置

图 3-5-25　虚拟串口设置

最后实现 Proteus 与串口调试助手之间的通信。在 VIRTUAL TERMINAL 中可直接键盘输入想要发送的数据，但界面中无任何显示，可以通过串口调试助手看到相应的输入数据，测试效果如图 3-5-26 所示。

这样即实现数据从 Proteus 中传送到串口调试助手中，其相应的数据流向关系如图 3-5-27 所示。

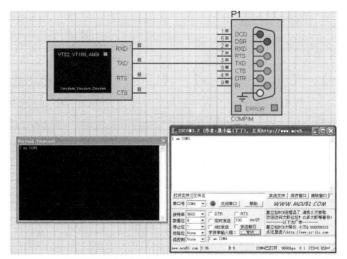

图 3-5-26 虚拟串口在 Proteus 中应用测试

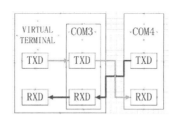

图 3-5-27 虚拟串口在 Proteus 中连接方式

3.5.4.3 虚拟串口在 Keil 中的应用

该串口通信调试技术应用了 Keil 的串口仿真功能，即在应用 Keil 软件进行通信程序调试时，可利用计算机的串口来模拟单片机的串口。进行仿真时，Keil 需要使用的两个命令为：ASSIGN 和 MODE。

（1）ASSIGN 命令

该命令的功能为将单片机的串口绑定到计算机的串口，其语法格式为：

```
ASSIGN  channel  <inreg> outreg
```

其中，channel 代表计算机的串口，可以是 COM1、COM2、COM3 或 COM4 等；而 inreg 和 outreg 代表单片机的串口。对于只有一个串口的普通单片机，即为 SIN 和 SOUT；对于有两个或者多个串口的单片机，即为 SnIN 和 SnOUT（其中，n=0,1,…,为单片机的串口号）。

例如：ASSIGN   COM1 <SIN>SOUT

即为将计算机的串口 1 绑定到单片机的串口（针对只有一个串口的单片机）。

（2）MODE 命令

该命令的功能为设置被绑定计算机串口的通信参数，其语法格式为：

```
MODE  COMx  baudrate,parity,databits,stopbits
```

其中，COMx(x=1,2,…)代表计算机的串口号，baudrate 代表串口的波特率，parity 代表校验方式，databits 代表数据位长度，stopbits 代表停止位长度。

例如：MODE   COM1 9600,0,8,1

即为设置串口 1，波特率为 9600bps，无校验位，8 位数据，1 位停止位。

具体调试步骤：

① 打开测试程序工程 5-1-Uart1-C51。

② 虚拟串口准备就绪。先使用直接输入命令的方式来调试。打开 Keil MDK，设置成仿真的模式。

③ 单击【View】→【Serial Windows】→【UART #1】，打开 MDK 的串口调试窗口。然后单击【Debug】→【Run】连续运行，可以看到串口 1 输出如图 3-5-28 所示。

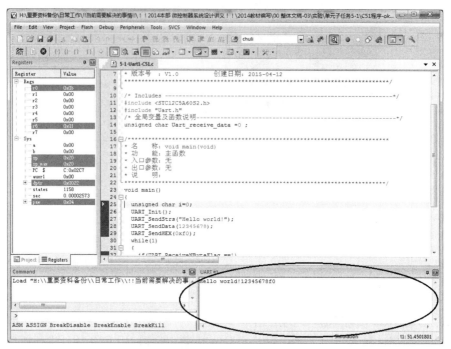

图 3-5-28　Keil MDK UART1 输出

④ 可以在 UART#1 窗口输入数据，本例程完成的是每输入两个字节数据进行一次显示。可以在 UART#1 窗口观察到输入数据后，程序通过 UART1 进行回传的情况，如图 3-5-29 所示。

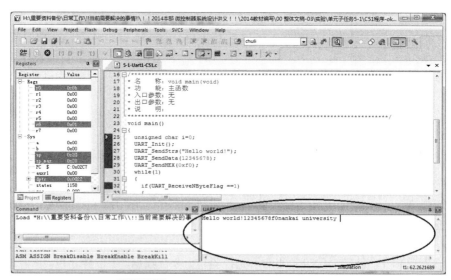

图 3-5-29　Keil MDK 通过 UART 输入并回传

⑤ 单击【Debug】→【Stop】，停止仿真。然后单击【Debug】→【Reset】，让仿真复位。

⑥ 在 COMMAND 窗口输入"MODE COM3 9600,0,8,1"。如图 3-5-30 所示。

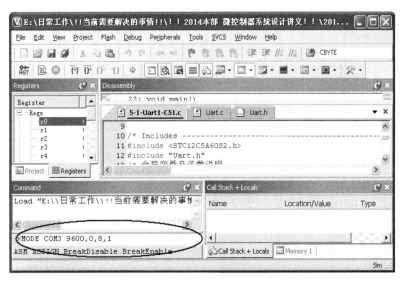

图 3-5-30 在 COMMAND 窗口输入"MODE COM3 9600, 0, 8, 1"界面

⑦ 点回车后，再输入"ASSIGN COM3 <S0IN> S0OUT"。如图 3-5-31 所示。注意，不同的单片机对应的串口虚拟寄存器名称不同，可以通过【View】→【Symbol Window】窗口查看。

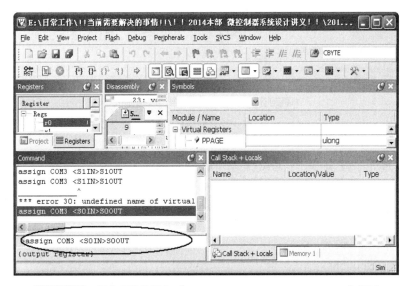

图 3-5-31 回车后继续输入"ASSIGN COM3 <SOIN> SOOUT"界面

⑧ 打开串口调试助手，并进行设置，如图 3-5-32 所示。

⑨ 在 Keil MDK 中，单击【Debug】→【Run】连续运行，利用串口调试助手进行，如图 3-5-33 所示。例程的功能是，首先串口助手中会显示一部分单片机输出字符串及数字，然后可以输入信息，单片机每当接收到两个字符，就进行回传。

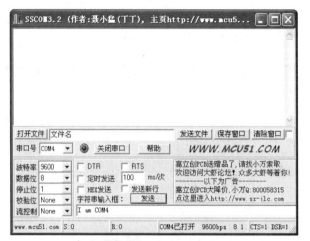

图 3-5-32 串口助手设置

图 3-5-33 Keil 与虚拟串口联合调试

3.5.5 单元子任务

3.5.5.1 单元子任务 5-1：UART 与 PC 间数据收发应用

（1）单元子任务目标

基于 Proteus 仿真，采用 AT89C51 进行单片机与 PC 间数据通信实验。具体要求如下：

① 使用 AT89C51 的串口。

② 单片机晶振频率 11.0592MHz。

③ 波特率为 9600bps。

④ 当单片机收到数据达到设定字节数时，利用串口进行返回输出。

⑤ 发送采用查询方式，接收采用中断方式。

（2）硬件资源及引脚分配

根据任务目标要求，在 Proteus 中绘制原理图如图 3-5-34 所示。

（3）流程图分析

根据任务需求，绘制流程图如图 3-5-35 所示。

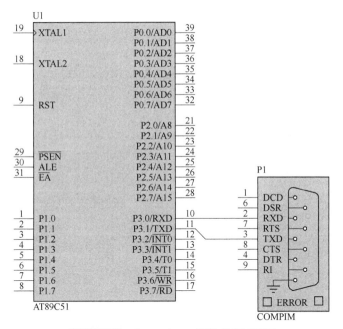

图 3-5-34 串口 1 与 PC 通信仿真原理图

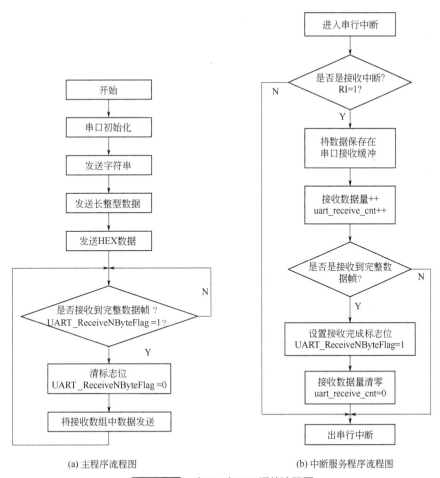

(a) 主程序流程图   (b) 中断服务程序流程图

图 3-5-35 串口 1 与 PC 通信流程图

（4）C51 程序

```
/********************************************************************
* 文件名：5-1-Uart1-C51.c
* 内容简述：本例程完成单片机串口与 PC 间通信。在仿真时，采用 AT89C51，因此只能使用 1 个串口。晶
振 11.0592MHz，串口波特率为 9600bps。每收到设定字节数的数据，就进行显示。
*引脚配置：
* 版本号  : V1.0          创建日期：2015-04-12
********************************************************************/
/* Includes ------------------------------------------------------------*/
#include <STC12C5A60S2.h>
#include "Uart.h"
/* 全局变量及函数说明------------------------------------------------------*/
unsigned char Uart_receive_data =0 ;
/********************************************************************
* 名    称：void main(void)
* 功    能：主函数
* 入口参数：无
* 出口参数：无
* 说    明：
********************************************************************/
void main()
{
    unsigned char i=0;
    UART_Init();
    UART_SendStrs("Hello world!");
    UART_SendData(12345678);
    UART_SendHEX(0xf0);
    while(1)
    {
        if(UART_ReceiveNByteFlag = =1)
        {
            UART_ReceiveNByteFlag=0;
            for(i=0;i<UART_RBUFLEN;i++)
            {
                UART_SendByte(UART_ReceiveBuffer[i]);
            }
        }
    }
}
/********************************************************************
* 文件名  : Uart.h
* 内容简述：   串口头文件
* 引脚配置：
* 版本号  : V1.0          创建日期：2015-04-12
********************************************************************/
#ifndef __UART_H__
#define __UART_H__
/* Includes ------------------------------------------------------------*/
#include <STC12C5A60S2.h>
#include <string.h>
/* 全局变量及函数说明------------------------------------------------------*/
#define UART_RBUFLEN    2                   //串口数据缓冲区长度，默认为 2 字节，可以修改
extern unsigned char xdata UART_ReceiveBuffer[UART_RBUFLEN];   //串口接收缓冲区
```

```c
extern bit UART_ReceiveNByteFlag ;                   //串口接收缓冲区满标志位
extern unsigned char xdata  uart_receive_cnt;        //串口接收到数据个数

void UART_Init(void);
void UART_SendByte(unsigned char mydata);
void UART_SendStrs(char *str);
void UART_SendData( unsigned long DData );
void UART_SendHEX( unsigned long DData );
unsigned char UART_ReceiveByte(void);
void UART_Isr(void);
#endif
/*********************************************************************
* 文件名   ：Uart.c
* 内容简述：  串口相关函数
*    引脚配置：
* 版本号   ：V1.0          创建日期：2015-04-12
*********************************************************************/
/* Includes -------------------------------------------------------*/
#include "Uart.h"
/* 变量及函数说明--------------------------------------------------*/
unsigned char xdata UART_ReceiveBuffer[UART_RBUFLEN];      //串口接收缓冲区
bit UART_ReceiveNByteFlag =0;                              //串口接收缓冲区满标志
位
unsigned char xdata uart_receive_cnt=0;                    //串口接收到数据个数
/*****************************************************
函数名称：UART_Init
函数功能：初始化串口
入口参数：
出口参数：
备 注：
*****************************************************/
 void UART_Init(void)
{
    TMOD &= 0x0F;          //清除定时器 1 模式位
    TMOD |= 0x20;          //设定定时器 1 为 8 位自动重装方式
    SCON = 0x50;
    TH1=0xfd;
    TL1=0xfd;
    EA=1;                  //开总中断
    ES=1;                  //串口中断允许
    TR1=1;                 //定时器 1 运行控制位   1 允许；0 停止
}
/*****************************************************
函数名称：UART_ReceiveByte
函数功能：串行收一个字节数据
入口参数：
出口参数：
备 注：
*****************************************************/
unsigned char UART_ReceiveByte(void)
{
    unsigned char idata buf =0;
    while(!RI);
```

```
    RI=0;
    buf=SBUF;
    return buf ;
}
/************************************************************
函数名称：UART_Send_Byte
函数功能：串口发送字节的函数
入口参数：mydata:要发送的一个字节
出口参数：
备 注：
************************************************************/
void UART_SendByte(unsigned char mydata)
{
    ES=0;
    SBUF=mydata;                        //输出数据
    while(!TI);
    TI=0;
    ES=1;
}
/************************************************************
函数名称：UART_SendStrs
函数功能：串口发送字符串
入口参数：s:指向字符串的指针
出口参数：
备 注：如果在字符串中有'\n'，则会发送一个回车换行
************************************************************/
void UART_SendStrs(char *str)
{
    unsigned char idata len =0;
    while(str[len] != 0)
    {
        UART_SendByte(str[len]);
        len++;
    }
}
/************************************************************
函数名称：void UART_SendData( unsigned long DData )
函数功能：串口发送一个长整型数据，用 ASCII 显示
入口参数：unsigned long DData
出口参数：
备 注：
************************************************************/
void UART_SendData( unsigned long DData )
{
    unsigned char idata i = 0 ;
    unsigned char xdata tmp[10] ;
    tmp[3] = tmp[2]= tmp[1] = tmp[0] = 0 ;
    tmp[7] = tmp[6]= tmp[5] = tmp[4] = 0 ;
    tmp[8] = tmp[9]=  0 ;
  do
    {
        tmp[i] = 0x30 + DData% 10 ;
        i++;
```

```
            DData /=10 ;
        }while( DData );
    i--;
    while( i != 0xff )
        {
            UART_SendByte( tmp[i] ) ;
            i--;
        }
}
/*******************************************************
函数名称: void UART_SendHEX( unsigned long DData )
函数功能: 串口发送一个 16 位 HEX 数据, 用 ASCII 显示
入口参数: unsigned long DData
出口参数:
备 注:
*******************************************************/
void UART_SendHEX( unsigned long DData )
{
    unsigned char idata i = 0 ;
    unsigned char xdata tmp[8] ;
    unsigned char idata buf = 0 ;
    tmp[3] = tmp[2]= tmp[1] = tmp[0] = 0 ;
    tmp[7] = tmp[6]= tmp[5] = tmp[4] = 0 ;
    do
    {
        buf = DData&0x0f ;
        if(buf>9)
        {
            tmp[i] = 0x57 + buf ;
        }
        else
        {
            tmp[i] = 0x30 + buf ;
        }
        i++;
        DData >>= 4 ;
    } while( DData );

    i--;
    while( i != 0xff )
    {
        UART_SendByte( tmp[i] ) ;
        i--;
    }
}
/*******************************************************
函数名称: void UART_Isr() interrupt 4 using 1
函数功能: 串口中断服务程序
入口参数:
出口参数:
备 注: 接收完 N 个字节以后, 将 UART_ReceiveNByteFlag 标志位置 1,
在主程序中, 可以根据这个标志位来判断是否接收完一个完整数据帧
*******************************************************/
void UART_Isr() interrupt 4 using 1
```

```
{
    if(RI)
    {
        RI=0;
        UART_ReceiveBuffer[uart_receive_cnt] = SBUF;
        uart_receive_cnt++;
    }
    if(uart_receive_cnt==UART_RBUFLEN)
    {
        UART_ReceiveNByteFlag =1;
        uart_receive_cnt=0;
    }
}
```

3.5.5.2　单元子任务 5-2：基于 UART2 蓝牙串口模块应用

（1）单元子任务目标

利用蓝牙串口模块，实现单片机与智能手机之间的数据通信。功能要求与单元子任务 5-1 相同。在开发板中，蓝牙串口模块与 STC12C5A60S2 的 UART2 相连，具体原理图如图 3-5-36 所示。流程图与单元子任务 5-1 基本相同，如图 3-5-35 所示。

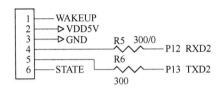

图 3-5-36　蓝牙串口接口原理图

（2）C51 程序

```
/****************************************************************
* 文件名  : 5-2-Uart2-C51.c
* 内容简述：  本例程完成无线串口蓝牙模块的使用。晶振 11.0592MHz，串口波特率为 9600bps，收到
数据即刻通过串口返回。每收到设定字节数的数据，就进行显示。
*   引脚配置:
* 版本号  : V1.0          创建日期：2015-04-12
****************************************************************/
/* Includes --------------------------------------------------------------*/
#include <STC12C5A60S2.h>
#include "Uart2.h"
#include "intrins.h"
/* 全局变量及函数说明-----------------------------------------------------*/
unsigned char Uart2_receive_data =0 ;
/****************************************************************
* 名    称: void main(void)
* 功    能: 主函数
* 入口参数: 无
* 出口参数: 无
* 说    明:
****************************************************************/
void main()
{
    unsigned char i=0;
    UART2_Init();
```

```
    UART2_SendStrs("Hello world!");
    UART2_SendData(12345678);
    UART2_SendHEX(0xf0);
    while(1)
    {
        if(UART2_ReceiveNByteFlag ==1)
        {
            UART2_ReceiveNByteFlag=0;
            for(i=0;i<UART2_RBUFLEN;i++)
            {
                UART2_SendByte(UART2_ReceiveBuffer[i]);
            }
        }
    }
}
/********************************************************************
* 文件名   : Uart2.h
* 内容简述:   串口头文件
*引脚配置:
* 版本号   : V1.0          创建日期: 2015-04-12
********************************************************************/
#ifndef __UART2_H__
#define __UART2_H__
/* Includes ------------------------------------------------------------------*/
#include <STC12C5A60S2.h>
#include <string.h>
/* 全局变量及函数说明---------------------------------------------------------*/
#define S2RI  0x01          //S2CON.0
#define S2TI  0x02          //S2CON.1
#define S2RB8 0x04          //S2CON.2
#define S2TB8 0x08          //S2CON.3
#define UART2_RBUFLEN   2              //串口数据缓冲区长度，默认为 2 字节，可以修改
extern unsigned char xdata UART2_ReceiveBuffer[UART2_RBUFLEN]; //串口接收缓冲区
extern bit UART2_ReceiveNByteFlag ;              //串口接收缓冲区满标志位
extern unsigned char xdata uart2_receive_cnt;    //串口接收到数据个数

void UART2_Init(void);
void UART2_SendByte(unsigned char mydata);
void UART2_SendStrs(char *str);
void UART2_SendData( unsigned long DData );
void UART2_SendHEX( unsigned long DData );
unsigned char UART2_ReceiveByte(void);
void UART2_Isr(void);
#endif
/********************************************************************
* 文件名   : Uart2.c
* 内容简述:   串口相关函数
*    引脚配置:
* 版本号   : V1.0          创建日期: 2015-04-12
********************************************************************/
/* Includes ------------------------------------------------------------------*/
#include "Uart2.h"
/* 变量及函数说明-------------------------------------------------------------*/
```

```
unsigned char xdata UART2_ReceiveBuffer[UART2_RBUFLEN];
bit UART2_ReceiveNByteFlag=0 ;
unsigned char xdata uart2_receive_cnt=0;

/**********************************************************
函数名称: UART2_ReceiveByte
函数功能: 串行收一个字节数据
入口参数:
出口参数:
备 注:
**********************************************************/
unsigned char UART2_ReceiveByte(void)
{
  unsigned char idata buf =0;
    while(!(S2CON & S2RI));
    S2CON &= ~S2RI;
    buf=S2BUF;
    return buf ;
}
/**********************************************************
函数名称: UART2_Init
函数功能: 初始化串口
入口参数:
出口参数:
备 注:
**********************************************************/
 void UART2_Init(void)
{
    S2CON=0x50;                 //方式 2, 允许接收
    BRT = 0xfd;                 //设置波特率 9600
    AUXR = AUXR |0X10 ;         //允许独立波特率发生器运行
IE2  |=0X01;                    //使能串口 2 中断
EA = 1;
}
/**********************************************************
函数名称: UART2_SendByte
函数功能: 串口发送字节的函数
入口参数: mydata:要发送的一个字节
出口参数:
备 注:
**********************************************************/
void UART2_SendByte(unsigned char mydata)
{
    IE2 = IE2 & 0xfe;
    S2BUF=mydata;    //输出数据
    while(!(S2CON & S2TI));
    S2CON &= ~S2TI;
    IE2 = IE2 | 0x01;
}
/**********************************************************
函数名称: UART2_SendStrs
函数功能: 串口发送字符串
入口参数: s:指向字符串的指针
```

出口参数：
备 注：如果在字符串中有'\n'，则会发送一个回车换行
***/

```
void UART2_SendStrs(char *str)
{
    unsigned char idata len =0;
    while(str[len] != 0)
    {
        UART2_SendByte(str[len]);
        len++;
    }
}
```
/***

函数名称：void UART2_SendData(unsigned long DData)
函数功能：串口 2 发送一个长整型数据，用 ASCII 显示
入口参数：unsigned long DData
出口参数：
备 注：
***/

```
void UART2_SendData( unsigned long DData )
{
    unsigned char idata i = 0 ;
    unsigned char xdata tmp[10] ;
    tmp[3] = tmp[2]= tmp[1] = tmp[0] = 0 ;
    tmp[7] = tmp[6]= tmp[5] = tmp[4] = 0 ;
    tmp[8] = tmp[9]=  0 ;
  do
    {
        tmp[i] = 0x30 + DData% 10 ;
        i++;
        DData /=10 ;
    }while( DData );
  i--;
  while( i != 0xff )
    {
        UART2_SendByte( tmp[i] ) ;
        i--;
    }
}
```
/***

函数名称：void UART2_SendHEX(unsigned long DData)
函数功能：串口 2 发送一个 16 位 HEX 数据，用 ASCII 显示
入口参数：unsigned long DData
出口参数：
备 注：
***/

```
void UART2_SendHEX( unsigned long DData )
{
    unsigned char idata i = 0 ;
    unsigned char xdata tmp[8] ;
    unsigned char idata buf = 0 ;
    tmp[3] = tmp[2]= tmp[1] = tmp[0] = 0 ;
    tmp[7] = tmp[6]= tmp[5] = tmp[4] = 0 ;
    do
```

```
    {
        buf = DData&0x0f ;
        if(buf>9)
        {
            tmp[i] = 0x57 + buf ;
        }
        else
        {
            tmp[i] = 0x30 + buf ;
        }
        i++;
        DData >>= 4 ;
    } while( DData );

    i--;
    while( i != 0xff )
    {
        UART2_SendByte( tmp[i] ) ;
        i--;
    }
}
/*************************************************************
函数名称: void UART_Isr() interrupt 4 using 1
函数功能: 串口 2 中断服务程序
入口参数:
出口参数:
备 注: 接收完 N 个字节以后, 将 UART_ReceiveNByteFlag 标志位置 1,
在主程序中, 可以根据这个标志位来判断是否接收完一个完整数据帧
*************************************************************/
void UART2_Isr() interrupt 8 using 1
{
    if(S2CON & S2RI)
    {
        S2CON &= ~S2RI;
        UART2_ReceiveBuffer[uart2_receive_cnt] = S2BUF;
        uart2_receive_cnt++;
    }
    if(uart2_receive_cnt==UART2_RBUFLEN)
    {
        UART2_ReceiveNByteFlag =1;
        uart2_receive_cnt=0;
    }
}
```

3.6 单元任务 6: 光照强度检测模块

★ 任务目标:

① 学习 STC12C5A60S2 集成 ADC 的结构与原理。

② 学习光敏电阻的结构与原理。

③ 完成单元子任务 6-1: 光照强度测量与显示。

3.6.1　STC12C5A60S2 集成 ADC

随着技术的发展，ADC（Analog-to-Digital Converter，模数转换器）已经作为一个模块集成到单片机内部，现在多种新型的单片机基本上都带着一个 8 位或 10 位的 ADC，如 STC 的单片机。采用这样的处理器，可以简化硬件电路设计，降低硬件电路成本。本项目中将利用STC12C5A60S2 内置 ADC 完成对光强信息的采集。

3.6.1.1　ADC 概述

AD 转换就是模数转换，就是把模拟信号转换成数字信号。常用的 ADC 有：积分型、逐次逼近型、并行比较型/串并行型、Σ-Δ 调制型、电容阵列逐次比较型及压频变换型。初期的单片 ADC 大多采用积分型，现在逐次比较型已逐步成为主流。逐次比较型 ADC 由一个比较器和 DA 转换器通过逐次比较逻辑构成，从最高位开始，顺序地对每一位将输入电压与内置DA 转换器输出进行比较，经 n 次比较而输出数字值。其电路规模属于中等。其优点是速度较高、功耗低，在低分辨率（<12 位）时价格便宜。ADC 技术指标主要有：

① 分辨率（Resolution）：数字量变化一个最小量时对应的模拟信号的变化量，定义为满刻度与 2^n 的比值。分辨率又称精度，通常以数字信号的位数来表示。

② 转换速率（Conversion Rate)：指完成一次从模拟转换到数字的 AD 转换所需的时间的倒数。积分型 AD 的转换时间是毫秒级，属低速 AD，逐次比较型 AD 是微秒级，属中速 AD。

③ 量化误差（Quantizing Error）：由于 AD 的有限分辨率而引起的误差，即有限分辨率AD 的阶梯状转移特性曲线与无限分辨率 AD（理想 AD）的转移特性曲线（直线）之间的最大偏差。通常是 1 个或半个最小数字量的模拟变化量，表示为 1LSB、1/2LSB。

④ 偏移误差（Offset Error）：输入信号为零时输出信号不为零的值，可外接电位器调至最小。

⑤ 满刻度误差（Full Scale Error）：满度输出时对应的输入信号与理想输入信号值之差。

⑥ 线性度（Linearity）：实际转换器的转移函数与理想直线的最大偏移，不包括以上三种误差。

其他指标还有：绝对精度（Absolute Accuracy），相对精度（Relative Accuracy），微分非线性，单调性和无错码，总谐波失真（THD，Total Harmonic Distotortion）和积分非线性。

3.6.1.2　ADC 结构

STC12C5A60S2 系列单片机的 ADC 是逐次比较型 ADC。A/D 转换口在 P1 口（P1.7~P1.0），有 8 路电压输入型 10 位高速 A/D 转换器，速度可达 250kHz。用户可以通过软件设置将 8 路中的任何一路设置为 A/D 转换，不需作为 A/D 使用的口可继续作为 I/O 口使用。ADC 由多路选择开关、比较器、逐次比较寄存器、10 位 DAC、转换结果寄存器（ADC_RES 和 ADC_RESL）以及 ADC_CONTR 构成。ADC 的结构如图 3-6-1 所示。

3.6.1.3　ADC 相关寄存器

STC12C5A60S2 集成 ADC 相关的特殊功能寄存器有：

（1）P1 口模拟配置寄存器（P1ASF）

P1ASF 的地址为 9DH；复位值为 00H。

寄存器格式：

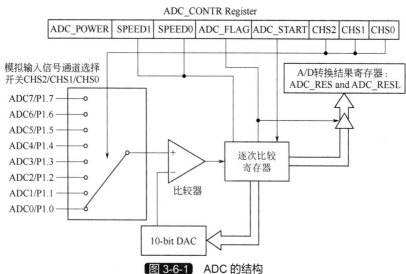

SFR	Address	Bit	B7	B6	B5	B4	B3	B2	B1	B0
P1ASF	9DH	name	P17ASF	P16ASF	P15ASF	P14ASF	P13ASF	P12ASF	P11ASF	P10ASF

位功能说明：单片机的 AD 转换引脚与 P1 口复用，P1ASF 寄存器的 8 位对应 P1 的 8 位，1 代表做 AD 转换通道用，0 代表做 I/O 口用。不可位寻址。

P1ASF.n：复用功能选择位。

P1ASF.n=0，P1.n 作为 I/O 口使用。

P1ASF.n=1，P1.n 作为 AD 转换通道用。

（2）ADC 控制寄存器（ADC_CONTR）

ADC_CONTR 地址为 BCH；复位值为 00H。

寄存器格式：

SFR	Address	Bit	B7	B6	B5	B4	B3	B2	B1	B0
ADC_CONTR	BCH	name	ADC_POWER	SPEED1	SPEED0	ADC_FLAG	ADC_START	CHS2	CHS1	CHS0

位功能说明：

• ADC_POWER：ADC 开关。

ADC_POWER=0，关闭 ADC 模块电源。

ADC_POWER=1，打开 ADC 模块电源。

• SPEED1、SPEED0：转换速率控制位。

转换速率并非越快越好，当然从效率角度来讲希望它更快，但是转换速率越快能耗越高，同时准确度越低，所以应当选择一个合理的周期。ADC 转换速率控制如表 3-6-1 所示。

表 3-6-1 ADC 转换速率控制

SPEED1	SPEED0	A/D 转换所需时间
1	1	90 个时钟周期转换一次
1	0	180 个时钟周期转换一次
0	1	360 个时钟周期转换一次
0	0	540 个时钟周期转换一次

- ADC_FLAG：AD 转换结束标志位。

ADC_FLAG=0，ADC 未转换完毕。

ADC_FLAG=1，ADC 转换结束。

- ADC_SRART：AD 转换启动位。

ADC_SRART=0，AD 停止转换。

ADC_SRART=1，AD 转换启动。

- ADC_CHS2-0：表示对哪一个引脚的输入值进行 AD 转换，使用 BCD 码，如表 3-6-2 所示。

表 3-6-2 ADC 通道选择

CHS2	CHS1	CHS0	模拟通道选择
0	0	0	选择 P1.0 作为 A/D 输入
0	0	1	选择 P1.1 作为 A/D 输入
0	1	0	选择 P1.2 作为 A/D 输入
0	1	1	选择 P1.3 作为 A/D 输入
1	0	0	选择 P1.4 作为 A/D 输入
1	0	1	选择 P1.5 作为 A/D 输入
1	1	0	选择 P1.6 作为 A/D 输入
1	1	1	选择 P1.7 作为 A/D 输入

（3）A/D 转换结果寄存器（ADC_RES、ADC_RESL）

ADC_RES：AD 转换结果储存高位寄存器，地址为 BDH，复位值为 00H。

ADC_RESL：AD 转换结果储存低位寄存器，地址为 BEH，复位值为 00H。

（4）辅助寄存器（AUXR1）

AUXR1 的地址为 A2H；复位值为 00H。

寄存器格式：

SFR	Address	Bit	B7	B6	B5	B4	B3	B2	B1	B0
AUXR1	A2H	name		PCA_P4	SPI_P4	S2_P4	GF2	ADRJ		DPS

位功能说明：

ADRJ：数据格式调整控制位。

ADRJ=0，AD 转换结果高 8 位放在 ADC_RES 中，低 2 位存放 ADC_RESL 低 2 位中。

ADRJ=1，AD 转换结果高 2 位放在 ADC_RES 低 2 位中，低 8 位存放在 ADC_RESL 中。

（5）中断允许寄存器 IE

IE 的地址为 A8H；位地址为 AFH~A8H；复位值为 00H。

寄存器格式：

SFR	Address	Bit	B7	B6	B5	B4	B3	B2	B1	B0
IE	A8H	name	EA	ELVD	EADC	ES	ET1	EX1	ET0	EX0

位功能说明：

EADC:A/D 转换中断允许位。

EADC=1，允许 A/D 转换中断；

EADC=0，禁止 A/D 转换中断。

（6）中断优先级寄存器 IP、IPH

IP：中断优先级设置低位寄存器，地址为 B8H，复位值为 00H，可位寻址。

IPH:中断优先级设置高位寄存器，地址为 B7H，复位值为 00H，不可位寻址。

寄存器格式：

SFR	Address	Bit	B7	B6	B5	B4	B3	B2	B1	B0
IPH	B7H	name	PPCAH	PLVDH	PADCH	PSH	PT1H	PX1H	PT0H	PX0H

SFR	Address	Bit	B7	B6	B5	B4	B3	B2	B1	B0
IP	B8H	name	PPCA	PLVD	PADC	PS	PT1	PX1	PT0	PX0

位功能说明：

IP.5、IPH.5：AD 中断优先级控制位。

当 PADCH=0 且 PADC=0 时，A/D 转换中断为最低优先级中断（优先级 0）。

当 PADCH=0 且 PADC=1 时，A/D 转换中断为较低优先级中断（优先级 1）。

当 PADCH=1 且 PADC=0 时，A/D 转换中断为较高优先级中断（优先级 2）。

当 PADCH=1 且 PADC=1 时，A/D 转换中断为最高优先级中断（优先级 3）。

3.6.2 光敏电阻

光敏电阻器是利用半导体的光电效应制成的一种电阻值随入射光的强弱而改变的电阻器。入射光强，电阻减小；入射光弱，电阻增大。光敏电阻器一般用于光的测量、光的控制和光电转换（将光的变化转换为电的变化）。根据光敏电阻的光谱特性，可分为三种光敏电阻器：紫外光敏电阻器、红外光敏电阻器、可见光光敏电阻器。应注意光敏电阻随入射光线的强弱其对应的阻值变化不是线性的，也就不能用它作光电的线性变换。光敏电阻外观如图3-6-2 所示。光敏电阻的电极一般采用梳状图案，结构见图 3-6-3。

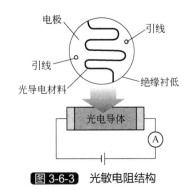

图 3-6-2 光敏电阻外观 　　　　　 **图 3-6-3** 光敏电阻结构

光敏电阻的主要技术指标有：

（1）暗电阻、亮电阻

光敏电阻在室温和全暗条件下测得的稳定电阻值称为暗电阻，或暗阻。此时流过的电流称为暗电流。光敏电阻在室温和一定光照条件下测得的稳定电阻值称为亮阻或亮阻。此时流过的电流称为亮电流。实用的光敏电阻的暗电阻往往超过 1MΩ，甚至高达 100MΩ，而亮电阻则在几千欧以下，暗电阻与亮电阻之比在 102~106 之间，可见光敏电阻的灵敏度很高。例如 MG41-21 型光敏电阻暗阻大于等于 0.1MΩ，亮阻小于等于 1kΩ。亮电流与暗电流之差称为光电流。显然，光敏电阻的暗阻越大越好，而亮阻越小越好，也就是说暗电流要小，亮电流要大，这样光敏电阻的灵敏度就高。

（2）伏安特性

在一定照度下，光敏电阻两端所加的电压与流过的电流之间的关系，称为伏安特性。

（3）光电特性

光敏电阻的光电流与光照度之间的关系称为光电特性。光敏电阻的光电特性呈非线性，因此不适宜做检测元件，这是光敏电阻的缺点之一，在自动控制中常用做开关式光电传感器。

（4）光谱特性

对于不同波长的入射光，光敏电阻的相对灵敏度是不相同的。硫化镉的峰值在可见光区域，而硫化铅的峰值在红外区域，因此在选用光敏电阻时应当把元件和光源的种类结合起来考虑，才能获得满意的结果。

（5）频率特性

当光敏电阻受到脉冲光照时，光电流要经过一段时间才能达到稳态值，光照突然消失时，光电流也不立刻为零。这说明光敏电阻有时延特性。由于不同材料的光敏电阻时延特性不同，所以它们的频率特性也不相同。但多数光敏电阻的时延都较大，因此不能用在要求快速响应的场合，这是光敏电阻的一个缺陷。

3.6.3 单元子任务 6-1：光照强度测量与显示

（1）单元子任务目标

本任务目标是利用 STC12 单片机内部集成的 ADC 模块，完成光敏传感器的数据采集并在 LCD 上进行显示。

（2）硬件资源及引脚分配

开发板关于光敏传感器的部分电路原理图如图 3-6-4 所示。

（3）流程图分析

根据设计要求绘制流程图如图 3-6-5 所示。

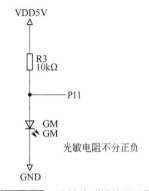

图 3-6-4 光敏传感模块原理图

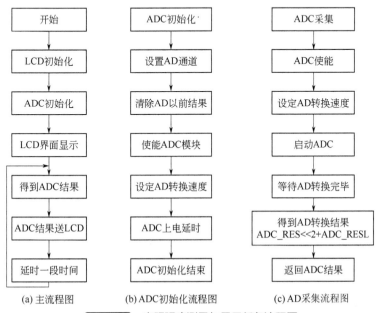

(a) 主流程图　　(b) ADC初始化流程图　　(c) AD采集流程图

图 3-6-5 光照强度测量与显示任务流程图

（4）C51 程序

```
/*********************************************************************
* 文件名   : 6-1-ADC-C51.c
* 内容简述:    本例程利用 STC12 片内集成 ADC，完成光强检测。使用 ADC1 通道
*引脚配置:
                  ADC1---P1.1
* 版本号   : V1.0         创建日期: 2015-04-13
*********************************************************************/
/* Includes --------------------------------------------------------*/
#include <STC12C5A60S2.h>
#include "Slcd.h"
#include "intrins.h"
#include "ADC.h"
/*********************************************************************
* 名    称: void main(void)
* 功    能: 主函数
* 入口参数: 无
* 出口参数: 无
* 说    明:
*********************************************************************/
void main()
{
    unsigned int adc_temp =0;
    LCD12864_Sinit();
    ADC_Init();
    LCD12864_Clear();
    LCD12864_Chinese(1,1,"光线强度测试");
    LCD12864_Chinese(2,1,"当前光强");
    while(1)
    {
        adc_temp=ADC_GetResult(1);
        LCD12864_Uint(2,10,adc_temp);
        ADC_Delay_ms_n(100);
    }
}
/*********************************************************************
* 文件名   : ADC.h
* 内容简述:    STC12 内部集成 ADC 应用头文件
*      引脚配置:
* 版本号   : V1.0         创建日期: 2015-04-13
*********************************************************************/
#ifndef _ADC_h
#define _ADC_h
/* Includes --------------------------------------------------------*/
#include <STC12C5A60S2.h>
#include "intrins.h"
/* 变量及函数声明 ---------------------------------------------------*/
#define ADC_POWER     0x80              //ADC 电源控制位
#define ADC_FLAG      0x10              //ADC 转换完成标志位
#define ADC_START     0x08              //ADC 启动标志位
#define ADC_SPEEDLL   0x00              //420 个时钟周期模式
#define ADC_SPEEDL    0x20              //280 个时钟周期模式
```

```
#define ADC_SPEEDH      0x40                      //140 个时钟周期模式
#define ADC_SPEEDHH     0x60                      //70 个时钟周期模式
void ADC_Init();
unsigned int ADC_GetResult(unsigned char ch);
void ADC_Delay_ms_n(unsigned int ms);            //@11.0592MHz
#endif
/*************************************************************************
* 文件名  : ADC.c
* 内容简述：  STC12 内部集成 ADC 应用函数
*     引脚配置：
* 版本号  : V1.0              创建日期：2015-04-13
*************************************************************************/
/* Includes -----------------------------------------------------------*/
#include "ADC.h"
/*************************************************************************
* 名     称: unsigned int ADC_GetResult(unsigned char ch)
* 功     能: ADC 数据采集
* 入口参数: unsigned char ch, 通道号
* 出口参数: unsigned int ADC_result
* 说     明:
*************************************************************************/
unsigned int ADC_GetResult(unsigned char ch)
{
    unsigned int xdata ADC_result =0;
    ADC_CONTR = ADC_POWER | ADC_SPEEDLL | ch | ADC_START;
    _nop_(); _nop_(); _nop_(); _nop_();            //查询前需要延时
    while (!(ADC_CONTR & ADC_FLAG));               //等待 AD 转换完成
    ADC_CONTR &= ~ADC_FLAG;                        //关闭 ADC
    ADC_result = ADC_RES;
    ADC_result<<=2;
    ADC_result =ADC_result+ADC_RESL;
  return ADC_result;                               //返回 ADC 结果
}
/*************************************************************************
* 名     称: void ADC_Init()
* 功     能: ADC 初始化
* 入口参数:
* 出口参数:
* 说     明: 使用 ADC1 通道 P1.1
*************************************************************************/
void ADC_Init()
{
    P1ASF = 0x02;                                  //ADC 通道 1, P1.1
    ADC_RES = 0;                                   //清除以前结果
    ADC_CONTR = ADC_POWER | ADC_SPEEDll;
    ADC_Delay_ms_n(2);                             //ADC 上电后，延时
}
/*************************************************************************
* 名     称: void ADC_Delay_ms_n(unsigned int ms)
* 功     能: ADC 使用的延时
* 入口参数:
* 出口参数:
* 说     明: 不精确，在 11.0592MHz 情况下，约为 1ms
```

```
*****************************************************************/
void ADC_Delay_ms_n(unsigned int ms)              //@11.0592MHz
{
    unsigned char idata i, j;
    while(ms--)
    {
        _nop_();
        i = 11;
        j = 190;
        do
        {
            while (--j);
        } while (--i);
    }
}
```

3.7 单元任务 7：温湿度采集模块

★ 任务目标：

① 学习温湿度传感器 DHT11 的结构与原理。

② 完成单元子任务 7-1：室内温湿度采集及显示。

3.7.1 DHT11 温湿度传感器

3.7.1.1 DHT11 概述

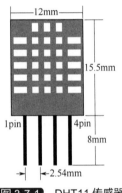

图 3-7-1 DHT11 传感器
封装外形图

DHT11 数字温湿度传感器是一款含有已校准数字信号输出的温湿度复合传感器。它采用数字模块采集技术和温湿度传感技术，具有高可靠性与长期稳定性。传感器包括一个电阻式湿敏元件和一个测温元件。传感器体积小、功耗低，采用单线制串行接口，信号传输距离可达 20m 以上，使系统集成变得简易快捷。单线制串行接口只使用一根数据线，线路简单，适用于单主机系统，即一个主机与一个或多个从机设备进行通信。DHT11 封装如图 3-7-1 所示。

DHT11 传感器引脚说明如表 3-7-1 所示。

表 3-7-1 DHT11 传感器引脚说明

序号	引脚名称	功能	说明
1	VDD	电源	供电 3~5.5V DC
2	DATA	数据	串行数据，单总线
3	NC	空脚	悬空
4	GND	地	接地，电源负极

3.7.1.2 典型接口电路

DHT11 的供电电压为 3~5.5V。传感器上电后，要等待 1s 以越过不稳定状态，在此期间无需发送任何指令。电源引脚（VDD，GND）之间可增加一个 100nF 的电容，用以去耦滤波。

典型应用电路如图 3-7-2 所示，建议连接线长度短于 20m 时用 5kΩ 上拉电阻，大于 20m 时根据实际情况使用合适的上拉电阻。

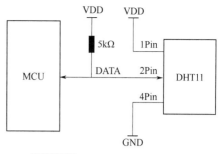

图 3-7-2 DHT11 典型应用电路

3.7.1.3 数据格式及时序

（1）数据格式

MCU 与 DHT11 之间的通信和同步，采用单总线数据格式，一次通信时间为 4ms 左右，数据分小数部分和整数部分，当前小数部分用于以后扩展，现读出为零，一次完整的数据传输为 5 个字节，高位先出，具体格式如表 3-7-2 所示。其中：

校验和="湿度整数+湿度小数+温度整数+温度小数"所得结果的末 8 位。

表 3-7-2 DHT11 数据格式

字节	Byte4	Byte3	Byte2	Byte1	Byte0
功能	湿度整数	湿度小数	温度整数	温度小数	校验和

（2）通信时序

从模式下，用户 MCU 发送一次开始信号后，DHT11 从低功耗模式转换到高速模式，等待主机开始信号结束后，DHT11 发送响应信号，送出 5 字节的数据，并触发一次信号采集，用户可选择读取部分数据。如果没有接收到主机发送开始信号，DHT11 不会主动进行温湿度采集。

总线空闲状态为高电平，主机把总线拉低等待 DHT11 响应，拉低的时间必须大于 18ms，保证 DHT11 能检测到起始信号。DHT11 接收到主机的开始信号后，等待主机开始信号结束，然后发送 80μs 低电平响应信号。主机发送开始信号结束后，延时等待 20~40μs 后，读取 DHT11 的响应信号，主机发送开始信号后，可以切换到输入模式，或者输出高电平均可，总线由上拉电阻拉高。通信时序图如图 3-7-3 所示。

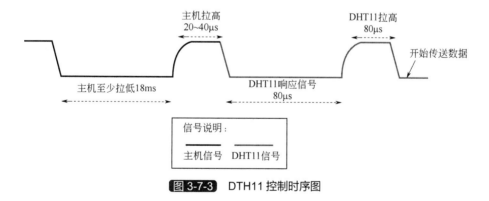

图 3-7-3 DTH11 控制时序图

（3）数字"0"，"1"的时序

DHT11 发送 80μs 低电平响应信号后，再把总线拉高 80μs，准备发送数据，每 1bit 数据都以 50μs 低电平时隙开始，高电平的长短决定了数据位是 0 还是 1。格式如图 3-7-4 所示。如果读取响应信号为高电平，则 DHT11 没有响应，请检查线路是否连接正常。当最后 1bit 数据传送完毕后，DHT11 拉低总线 50μs，随后总线由上拉电阻拉高进入空闲状态。

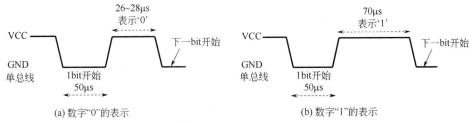

(a) 数字"0"的表示   (b) 数字"1"的表示

图 3-7-4   数字"0""1"的时序

3.7.2   单元子任务 7-1: 室内温湿度采集及显示

（1）单元子任务目标

本任务要求利用 DHT11 温湿度传感器模块，采集室内的温湿度，并在 LCD 上显示出来。

（2）硬件资源及引脚分配

开发板关于 DHT11 模块原理图如图 3-7-5 所示。

（3）流程图分析

根据任务要求绘制流程图如图 3-7-6 所示。

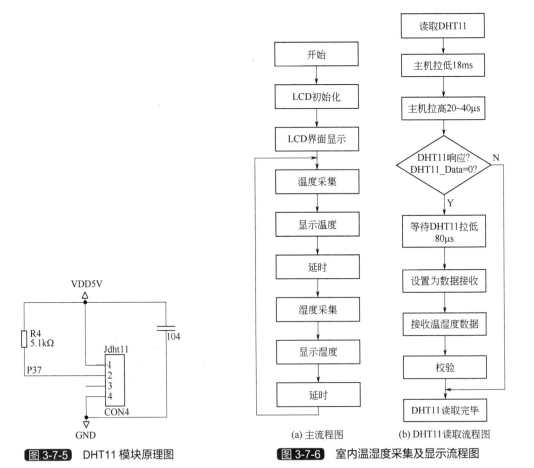

(a) 主流程图   (b) DHT11 读取流程图

图 3-7-5   DHT11 模块原理图   图 3-7-6   室内温湿度采集及显示流程图

（4）C51 程序

```
/**********************************************************************
* 文件名   : 7-1-DHT11-C51.c
* 内容简述:   本程序完成利用 DHT11 传感器采集温湿度信息，并在液晶上进行显示
*引脚配置:
           DHT11_Data = P3^7
* 版本号   : V1.0          创建日期: 2015-04-13
**********************************************************************/
/* Includes --------------------------------------------------------------*/
#include <STC12C5A60S2.h>
#include "Slcd.h"
#include "DHT11.h"
/* 全局变量及函数说明-----------------------------------------------------*/
float temperature =0;
float humidity =0;
void Delay_ms_n(unsigned int ms);
/**********************************************************************
* 名      称: void main(void)
* 功      能: 主函数
* 入口参数: 无
* 出口参数: 无
* 说      明:
**********************************************************************/
void main()
{
    LCD12864_Sinit();
    LCD12864_Clear();
    LCD12864_Chinese(1,1,"温湿度测试");
    LCD12864_Chinese(2,1,"温度");
    LCD12864_Chinese(3,1,"湿度");
    while(1)
    {
        temperature=DHT11_ReadTemperature();
        LCD12864_Float(2,6,temperature);
        Delay_ms_n(100);
        humidity=DHT11_ReadHumidity();
        LCD12864_Float(3,6,humidity);
        Delay_ms_n(100);
    }
}
/**********************************************************************
* 名      称: void Delay_ms_n(unsigned int ms)
* 功      能: 延时
* 入口参数: 无
* 出口参数: 无
* 说      明: 延时约 1ms
**********************************************************************/
void Delay_ms_n(unsigned int ms)              //@11.0592MHz
{
    unsigned char i, j;
    while(ms--)
    {
        _nop_();
        i = 11;
        j = 190;
```

```
            do
            {
                while (--j);
            } while (--i);
        }
}
/********************************************************************
* 文件名  : DHT11.h
* 内容简述:   DHT11 传感器应用头文件
*    引脚配置:
                        DHT11_Data = P3^7
* 版本号  : V1.0          创建日期: 2015-04-13
*********************************************************************/
#ifndef _DHT11_h
#define _DHT11_h
/* Includes ----------------------------------------------------------*/
#include <STC12C5A60S2.h>
#include "intrins.h"
/* 变量及函数声明 ----------------------------------------------------*/
sbit  DHT11_Data = P3^7 ;
void DHT11_Delay(unsigned int j);
void DHT11_COM(void);
void DHT11_RH(void);
unsigned char DHT11_ReadTemperature(void);
unsigned char DHT11_ReadHumidity(void);
void Delay_10us(void);
#endif
/********************************************************************
* 文件名 : DHT11.c
* 内容简述:   DHT11 传感器应用头文件
*引脚配置:
                        DHT11_Data = P3^7
* 版本号  : V1.0          创建日期: 2015-04-13
*********************************************************************/
/* Includes ----------------------------------------------------------*/
#include "DHT11.h"
/* 变量及函数声明 ----------------------------------------------------*/
unsigned char xdata U8FLAG;
unsigned char xdata U8count,U8temp;
unsigned char xdata U8T_data_H,U8T_data_L,U8RH_data_H,U8RH_data_L,U8checkdata;
unsigned  char  xdata  U8T_data_H_temp,  U8T_data_L_temp,  U8RH_data_H_temp,
U8RH_data_L_temp, U8checkdata_temp;
unsigned char xdata U8comdata;
/********************************************************************
* 名      称: void DHT11_Delay(unsigned int idata j)
* 功      能: 延时
* 入口参数: 无
* 出口参数: 无
* 说      明: 用于DHT11时序控制的延时, 不精确
*********************************************************************/
void DHT11_Delay(unsigned int idata j)
{
    unsigned char idata i;
```

```
        for(;j>0;j--)
        {
            for(i=0;i<160;i++);
        }
    }
/*******************************************************************
* 名    称：void  Delay_10us(void)
* 功    能：延时
* 入口参数：无
* 出口参数：无
* 说    明：用于 DHT11 时序控制的延时，不精确
*******************************************************************/
void  Delay_10us(void)
{
    unsigned char idata n=10;
  while (n--)
  {
    _nop_(); _nop_();
  }
}
/*******************************************************************
* 名    称：void  DHT11_COM(void)
* 功    能：DHT11 读取数据
* 入口参数：无
* 出口参数：无
* 说    明：MCU 读取 DHT11 一个字节数据
*******************************************************************/
void  DHT11_COM(void)
{
    unsigned char idata i;
    for(i=0;i<8;i++)
    {
        U8FLAG=2;
        while((!DHT11_Data)&&U8FLAG++);
        Delay_10us();Delay_10us();
        U8temp=0;
        if(DHT11_Data)  U8temp=1;
        U8FLAG=2;
        while((DHT11_Data)&&U8FLAG++);
        if(U8FLAG= =1)      break;                    //超时则跳出 for 循环
        U8comdata<<=1;
        U8comdata|=U8temp;
    }
}
/*******************************************************************
* 名    称：void DHT11_RH(void)
* 功    能：读取 DHT11
* 入口参数：无
* 出口参数：无
* 说    明：
    //----以下变量均为全局变量--------
    //----温度高 8 位= = U8T_data_H------
```

```
    //----温度低 8 位= = U8T_data_L------
    //----湿度高 8 位= = U8RH_data_H-----
    //----湿度低 8 位= = U8RH_data_L-----
    //----校验 8 位 = = U8checkdata-----
************************************************************************/
void DHT11_RH(void)
{
    unsigned char idata i=0;
    DHT11_Data=0;
    DHT11_Delay(180);           //主机拉低 18ms
    DHT11_Data=1;
    Delay_10us();Delay_10us(); Delay_10us();Delay_10us();         //总线由上拉电阻拉
                                                                  高主机延时 20μs

    DHT11_Data=1;               //主机设为输入 判断从机响应信号
    if(!DHT11_Data)             //判断从机是否有低电平响应信号 如不响应则跳出，响应则向下运行
    {
        U8FLAG=2;
        while((!DHT11_Data)&&U8FLAG++);   //判断从机是否发出 80μs 的低电平响应信号是
                                            否结束
        U8FLAG=2;
        while((DHT11_Data)&&U8FLAG++);    //判断从机是否发出 80μs 的高电平，如发出则
                                          //进入数据接收状态
        DHT11_COM();                      //数据接收状态
        U8RH_data_H_temp=U8comdata;
        DHT11_COM();
        U8RH_data_L_temp=U8comdata;
        DHT11_COM();
        U8T_data_H_temp=U8comdata;
        DHT11_COM();
        U8T_data_L_temp=U8comdata;
        DHT11_COM();
        U8checkdata_temp=U8comdata;
        DHT11_Data=1;

    U8temp=(U8T_data_H_temp+U8T_data_L_temp+U8RH_data_H_temp+U8RH_data_L_temp)
;//数据校验
        if(U8temp= =U8checkdata_temp)
        {
            U8RH_data_H=U8RH_data_H_temp;
            U8RH_data_L=U8RH_data_L_temp;
            U8T_data_H=U8T_data_H_temp;
            U8T_data_L=U8T_data_L_temp;
            U8checkdata=U8checkdata_temp;
        }
    }
}
 /************************************************************************
* 名     称: unsigned char DHT11_ReadTemperature(void)
* 功     能: 从 DHT11 得到温度
* 入口参数: 无
* 出口参数: 无
* 说     明: 由于 DHT11 的温湿度小数部分为 0，因此只需要得到整数部分即可。
```

```
*******************************************************************/
unsigned char DHT11_ReadTemperature(void)
{
    DHT11_RH();
    return U8T_data_H;
}
/*******************************************************************
* 名      称：unsigned char  DHT11_ReadHumidity(void)
* 功      能：从 DHT11 读取湿度
* 入口参数：无
* 出口参数：无
* 说      明：由于 DHT11 的温湿度小数部分为 0，因此只需要得到整数部分即可。
*******************************************************************/
unsigned char  DHT11_ReadHumidity(void)
{
    DHT11_RH();
    return U8RH_data_H;
}
```

3.8 单元任务 8：数据存储模块

★ **任务目标：**

① 学习 AT24C02 IIC 存储器的结构与原理。

② 完成单元子任务 8-1：AT24C02 读写检测。

3.8.1 AT24C02 存储器原理及应用

3.8.1.1 AT24CXX 存储器概述

AT24C01/02/04/08/16 是美国 Atmel 公司的低工作电压的 1K/2K/4K/8K/16K 位串行电可擦除只读存储器，内部组织为 128/256/512/1024/2048 个字节，每个字节 8 位，采用 IIC 总线式进行数据读写的串行操作，只占用很少的资源和 I/O 线，具有工作电压宽（2.5~5.5V）、擦写次数多（大于 10000 次）、写入速度快（小于 10ms）、抗干扰能力强、数据不易丢失、体积小等特点。AT24CXX 系列存储器封装如图 3-8-1 所示。

存储器引脚说明如表 3-8-1 所示。

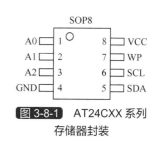

图 3-8-1 AT24CXX 系列存储器封装

表 3-8-1 AT24CXX 存储器引脚功能说明

引脚名称	功能	说明
A0、A1、A2	器件地址选择	用于多个器件级联时设置器件地址，悬空时默认值为 0。当使用 AT24C02 时最大可级联 8 个器件。如果只有一个 AT24C02 被总线寻址，这三个地址输入脚（A0、A1、A2）可悬空或连接到 VSS
SDA	串行数据/地址	双向串行数据/地址管脚用于器件所有数据的发送或接收，SDA 是一个开漏输出引脚
SCL	串行时钟	串行时钟输入引脚用于产生器件所有数据发送或接收的时钟，这是一个输入引脚

引脚名称	功能	说明
WP	写保护	如果 WP 引脚连接到 VCC，所有的内容都被写保护，只能读。当 WP 引脚连接到 VSS 或悬空允许器件进行正常的读/写操作
VCC	电源	+1.8～6.0V 工作电压
VSS	地	

AT24C02 EEPROM 的内部结构框图如图 3-8-2 所示。

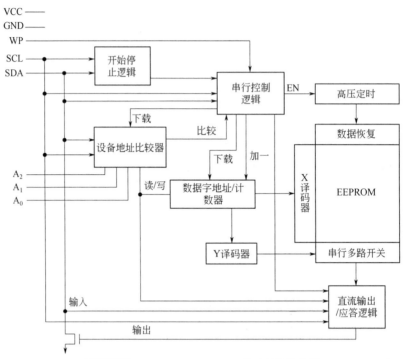

图 3-8-2 AT24C02 EEPROM 的内部结构框图

3.8.1.2　IIC 总线

IIC（Inter-Integrated Circuit）总线是一种由 Philips 公司开发的两线式串行总线，用于连接微控制器及其外围设备。IIC 总线的特征主要有：

① 在硬件上，IIC 只有两条总线线路，一条串行数据线（SDA），另一条串行时钟总线。

② IIC 总线支持多主控（multi-mastering），如果两个或更多主机同时初始化，数据传输可以通过冲突检测和仲裁防止数据被破坏。

③ 串行的 8 位双向数据传输位速率在标准模式下可达 100kbit/s，快速模式下可达 400kbit/s，高速模式下可达 3.4Mbit/s。

④ 连接到相同总线的 IC 数量只受到总线最大电容（400pF）的限制。但如果在总线中加上 82B715 总线远程驱动器，可以把总线电容扩展 10 倍，传输距离可增加到 15m。

IIC 总线主要相关术语见表 3-8-2。

IIC 总线的器件分为主器件和从器件。主器件的功能是启动在总线上传送数据，并产生时钟脉冲，以允许与被寻址的器件进行数据传送。被寻址的器件，称为从器件。一般来讲，任何器件均可以成为从器件，只有微控制器才能称为主器件。主、从器件对偶出现，工作在接收还是发送数据方式，由器件的功能和数据传送方向所决定。

术语	描述
SDA	串行数据
SCL	串行时钟
地址	每一个 IIC 器件都有自己的地址，以供自身在从机模式下使用
发送器	发送数据到总线的器件
接收器	从总线接收数据的器件
主机	初始化发送、产生时钟信号和终止发送的器件
从机	被主机寻址的器件
多主机	同时有多于一个主机尝试控制总线，但不破坏报文
仲裁	是一个在多个主机同时尝试控制总线，但只允许其中一个控制总线并使报文不被破坏的过程
同步	两个或多个器件共用一个同步时钟信号的过程

表 3-8-2 IIC 相关术语

对于标准的 IIC 总线器件，主机可以通过指令对其内部功能模块进行控制。主机发出的控制信号分为地址码和控制量（数据）两部分，地址码用来选址，即接通需要控制的电路，确定控制的种类；控制量决定该调整的类别及需要调整的量。这样，各控制电路虽然挂在同一条总线上，却彼此独立，互不相关。IIC 总线接口电路如图 3-8-3 所示。

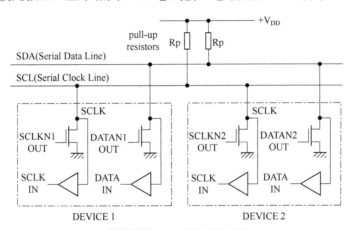

图 3-8-3 IIC 总线接口电路

3.8.1.3 存储器寻址

AT24CXX 的操作有两种寻址方式：片内子地址寻址和芯片寻址。

（1）片内子地址寻址

芯片寻址可对芯片内部进行读/写操作，其寻址范围为 00~FF，共 256 个寻址单位。

（2）芯片寻址

IIC 总线规定：采用 7bit 寻址字节（寻址字节是起始信号后的第一个字节）。

位：	7	6	5	4	3	2	1	0
	从机地址							$R/\overline{W}$

D7~D1 位组成从机的地址。D0 位是数据传送方向位。0 表示主机向从机写数据，1 表示主机向从机读数据。

主机发送地址时，总线上的每个从机都将这 7 位地址码和自己的地址比较，如果相同，则认为自己被主机寻址，根据 $R/\overline{W}$ 位将自己确认为发送器或者接收器。从机的地址由固定部分和可编程部分组成。

AT24CXX 需要一个字（8 位）进行器件寻址来完成芯片的读和写操作。器件寻址字是按一定规则组成，高四位固定为 1010，接下来的 3 位（A0，A1，A2）用来定义存储器的地址，这三位必须对应于它们相应的硬件连线输入。器件寻址的第 8 位是读/写操作选择位。

AT24CXX 系列串行 E2PROM 数据地址是一维顺序排列的。AT24C01/02/04/08/16 的 A8~A15 位无效，只有 A0~A7 是有效位。对于 AT24C01/02 正好合适，但对于 AT24C04/08/16 来说，则需要 A8、A9、A10 地址位进行相应的配合。具体寻址地址如表 3-8-3 所示。

表 3-8-3 AT24CXX 存储器寻址地址

型号	容量	从器件寻址格式							
AT24C01/02	1K/2K	1	0	1	0	A2	A1	A0	R/$\overline{W}$
AT24C04	4K	1	0	1	0	A2	A1	a8	R/$\overline{W}$
AT24C08	8K	1	0	1	0	A2	a9	a8	R/$\overline{W}$
AT24C16	16K	1	0	1	0	a10	a9	a8	R/$\overline{W}$

3.8.1.4 信号类型与数据格式

IIC 总线在进行数据传送时，时钟信号为高电平期间，数据线上的数据必须保持稳定。只有在时钟线上的信号是低电平时，数据线上的电平才允许变化。有效 IIC 总线信号要求如图 3-8-4 所示。

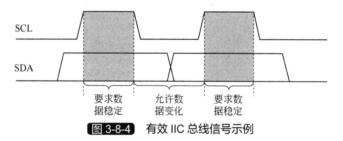

图 3-8-4 有效 IIC 总线信号示例

（1）起始信号和终止信号

在数据传送过程中，必须确认数据传送的开始和结束。开始和结束信号都是由主器件产生。在开始信号以后，总线即被认为处于忙状态，其他器件不能再产生开始信号。主器件在结束信号以后退出主器件角色，经过一段时间，总线被认为是空闲的。在 IIC 总线技术规范中，开始和结束信号（也称启动和停止信号）的定义如图 3-8-5 所示。

开始信号：SCL 为高电平时，SDA 由高电平向低电平跳变，开始传送数据。

结束信号：SCL 为高电平时，SDA 由低电平向高电平跳变，结束传送数据。

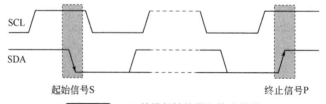

图 3-8-5 IIC 总线起始信号和终止信号

（2）响应信号

主机把数据发给外接 IIC 设备后，需要外接 IIC 设备回应一个信号给处理器，称为响应信号（ACK）。主机发完 8bit 数据后就不再驱动总线了（SDA 引脚变输入），而 SDA 和 SDL 硬件设计时都有上拉电阻，所以这时候 SDA 变成高电平。那么在第 8 个数据位，如果外接 IIC 设备能收到信号的话，接着在第 9 个周期把 SDA 拉低，那么处理器检测到 SDA 拉低就能知道外接 IIC 设备数据已经收到。时序格式如图 3-8-6 所示。

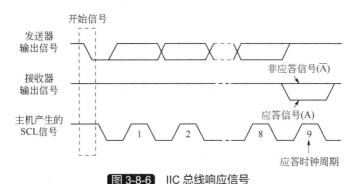

图 3-8-6　IIC 总线响应信号

（3）数据帧格式

一般情况下，一个标准的 IIC 通信由四部分组成：开始信号、从机地址传输、数据传输、停止信号。数据帧格式如图 3-8-7 所示。

由主机发送一个开始信号，启动一次 IIC 通信；在主机对从机寻址后，再在总线上传输数据。IIC 总线上传送的每一个字节均为 8 位，首先发送的数据位为最高位，每传送一个字节后都必须跟随一个应答位，每次通信的数据字节数是没有限制的；在全部数据传送结束后，由主机发送停止信号，结束通信。

时钟线为低电平时，数据传送将停止进行。这种情况可以用于当接收器接收到一个字节数据后要进行一些其他工作而无法立即接收下一个数据时，迫使总线进入等待状态，直到接收器准备好接收新数据时，接收器再释放时钟线使数据传送得以继续正常进行。例如，当接收器接收完主控制器的一个字节数据后，产生中断信号并进行中断处理，中断处理完毕才能接收下一个字节数据，这时接收器在中断处理时将钳住 SCL 为低电平，直到中断处理完毕才释放 SCL。

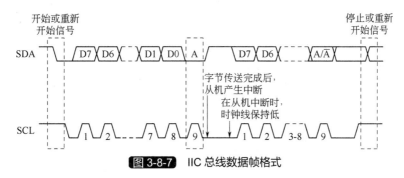

图 3-8-7　IIC 总线数据帧格式

3.8.1.5　读写操作流程

AT24C02 的写操作有字节写和页面写；读操作有当前地址读、随机地址读和连续读。

（1）字节写

字节写的操作时序如图 3-8-8 所示。主机在发送完毕器件地址，并且接收到确定信息后再接着发送需要写的地址（把这个数据写到哪个地址上），然后再发送数据。当 AT24C02 接收到这个数据时，会输出一个 0，此时主机必须发送一个停止信号。然后 AT24C02 进入写时序，将刚才接收到的数据写到存储单元中，并且在此期间不响应任何输入，直到写操作完成。字节写操作流程图如图 3-8-13（a）所示。

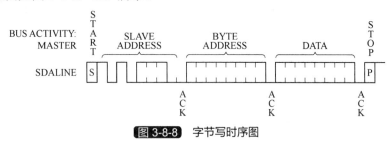

图 3-8-8 字节写时序图

（2）页面写

页面写前面几步的操作和字节写操作类似，只是在成功发送第一个数据之后，主机在收到 AT24C02 发送的确认信息后，不会发送停止信号，而是接着发送剩余的数据，对 AT24C02 来说就再接着发送剩余的 7 个字节，直到 1 个页面的数据发送完毕之后才发送停止信号。页面写操作时序图如图 3-8-9 所示。

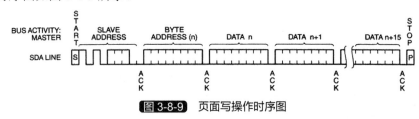

图 3-8-9 页面写操作时序图

在页操作的时候数据地址用于表示页内的地址的低 3 位，每收到一个数据就自动增长，页地址维持不变。所以，当页内地址到顶端时，此时假如还有数据，则数据将会被放到页的起始地址处，页起始地址中之前存放的数据将被覆盖。即 AT24C02 页操作时，写入的数据大于 8 字节，则大于 8 字节的数据将重新从此页起始处存放，覆盖掉之前写入的数据。页面写操作流程图如图 3-8-13（b）所示。

（3）从当前地址读

AT24C02 内部的数据地址计数器会一直保存着最后一次读/写操作后自动变化的数据地址。此计数器中保存的地址值一直有效，直到 AT24C02 断电。读操作时候，会从最后一页的最后一个字节跳到第一页的第一个字节；写操作时，会从当前页的最后一个字节跳到当前页的第一个字节。所以从当前地址读的意思，就是从当前数据地址中保存的地址中读取一个字节的数据。从当前地址读操作时序图如图 3-8-10 所示。从当前地址读操作流程图如图 3-8-13（c）所示。

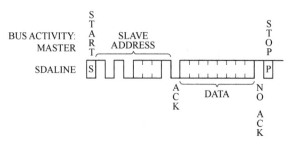

图 3-8-10 从当前地址读操作时序图

（4）从随机地址读

随机读写的操作就是先用一个写操作来骗过 AT24C02 器件，使其内部的数据地址中的地址值修改，然后再通过当前地址区域操作来读取所需地址上的数据。

时序如图 3-8-11 所示，先发送一个写操作，但是发送完毕需要读取的数据地址时并不发送数据，而是发送一个停止信号，此时 AT24C02 中的数据地址中的地址值就被修改了，然后通过当前地址读去读取此地址上的数据。从随机地址读操作流程图如图 3-8-13（d）所示。

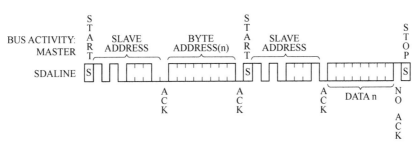

图 3-8-11 从随机地址读时序图

（5）连续读

连续读操作可通过立即读或选择性读操作启动，在 AT24C02 发送完一个 8 位字节数据后，主器件产生一个应答信号来响应，告知 AT24C02 主器件要求更多的数据。对应每个主机产生的应答信号，AT24C02 将发送一个 8 位数据字节；当主器件不发送应答信号而发送停止位时结束此操作。时序如图 3-8-12 所示。连续读操作流程图如图 3-8-13（e）所示。

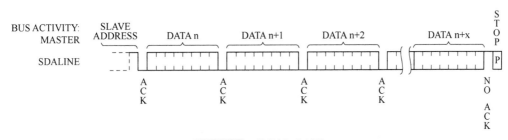

图 3-8-12 连续读时序图

3.8.2　单元子任务 8-1：AT24C02 读写检测

（1）单元子任务目标

本任务目标是完成 AT24C02 读写检测，向存储器写入一字符串，然后读出字符串，并在 LCD 上显示，对比写入与读出的数据。

（2）硬件资源及引脚分配

开发板上关于 AT24C02 模块的原理图如图 3-8-14 所示。

（3）流程图分析

根据任务要求绘制流程图 3-8-15。

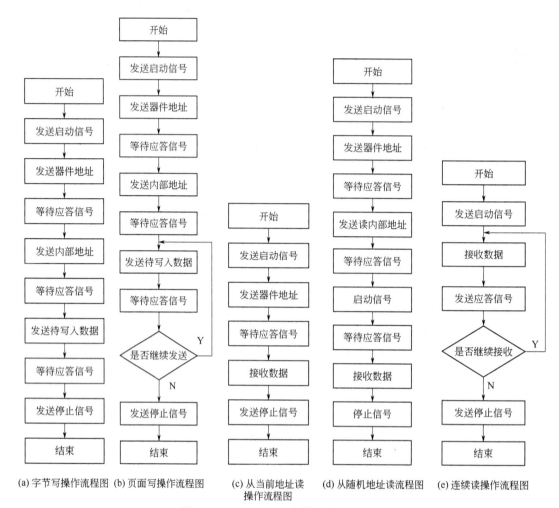

(a) 字节写操作流程图　(b) 页面写操作流程图　(c) 从当前地址读操作流程图　(d) 从随机地址读流程图　(e) 连续读操作流程图

图 3-8-13　AT24CXX 存储器读写流程图

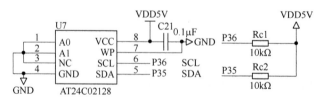

图 3-8-14　AT24C02 模块原理图

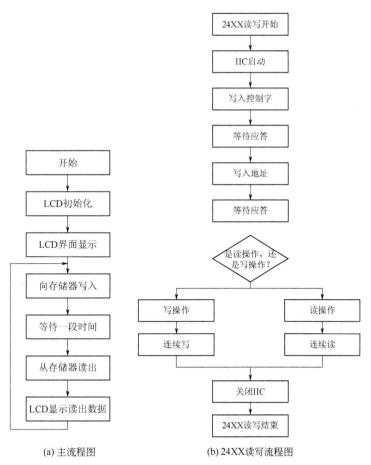

(a) 主流程图　　　　　　　(b) 24XX读写流程图

图 3-8-15　AT24C02 读写检测流程图

（4）C51 程序

```
/*******************************************************************
* 文件名  : 8-1-24c02-C51.c
* 内容简述:  本例程完成 24C02 的读写验证实验。
*引脚配置:
        SCL=P3^6;
        SDA=P3^5;
* 版本号  : V1.0          创建日期：2015-04-13
*******************************************************************/
/* Includes ----------------------------------------------------*/
#include <STC12C5A60S2.h>
#include "IIC.h"
#include "Slcd.h"
/* 全局变量及函数声明 --------------------------------------------*/
unsigned char xdata write_buf[20]={"hello!"};
unsigned char xdata read_buf[20]=0;
/*******************************************************************
* 名    称: void main(void)
* 功    能: 主函数
* 入口参数: 无
* 出口参数: 无
* 说    明:
```

```
************************************************************/
void main()
{
    LCD12864_Sinit();
    LCD12864_Clear();
    LCD12864_str(1,1,"AT24C02 TEST");
    LCD12864_str(2,1,"Write:hello!");
    LCD12864_str(3,1,"Read:");
    while(1)
    {
        RW24XX(write_buf,8,0,0xa0,M2402);          //将 write_buf 中数据写入
        Delay(255);
        RW24XX(read_buf,8,0,0xa1,M2402);           //读出到 read_buf
        LCD12864_str(4,1,read_buf);                //显示
    }
}
/*******************************************************************
* 文件名   : IIC.h
* 内容简述:    24C02 存储器读写头文件
*    引脚配置:

                              SCL=P3^6;
                              SDA=P3^5;
* 版本号  : V1.0          创建日期: 2015-04-13
*******************************************************************/
#ifndef _IIC_h
#define _IIC_h
/* Includes -----------------------------------------------------------------*/
#include <STC12C5A60S2.h>
/* 变量及函数声明 --------------------------------------------------*/
#define ERRORCOUNT 10
sbit SCL=P3^6;          //IIC 总线定义
sbit SDA=P3^5;
//enum eepromtype EepromType;
enum eepromtype {M2401,M2402,M2404,M2408,M2416,M2432,M2464,M24128,M24256};
bit RW24XX(unsigned char *DataBuff,unsigned char ByteQuantity,unsigned int
Address,
unsigned char ControlByte,enum eepromtype EepromType);
void IIC_Start(void);
void IIC_Stop(void);
bit IIC_RecAck(void);
void IIC_Ack(void);
void IIC_NoAck(void);
void IIC_SendByte(unsigned char sendbyte);
unsigned char IIC_ReceiveByte(void);
void Delay(unsigned char DelayCount);
#endif
/*******************************************************************
* 文件名   : IIC.c
* 内容简述:    24C02 存储器读写头文件
*    引脚配置:
        SCL=P3^6;
        SDA=P3^5;
* 版本号  : V1.0          创建日期: 2015-04-13
```

```
*******************************************************************/
/* Includes ------------------------------------------------------*/
#include <STC12C5A60S2.h>
#include <intrins.h>
#include "IIC.h"
/*******************************************************************
* 名    称: bit RW24XX(unsigned char *DataBuff,unsigned char ByteQuantity,unsigned
int Address,
unsigned char ControlByte,enum eepromtype EepromType)
* 功    能: IIC 存储器读写函数
* 入口参数: 无
* 出口参数: 无
* 说    明:
    DataBuff: 读写数据输入 / 输出缓冲区的首址
    ByteQuantity:    要读写数据的字节数量
    Address :  EEPROM 的片内地址
    ControlByte : EEPROM 的控制字节, 具体形式为 (1)(0)(1)(0)(A2)(A1)(A0)(R/W),其中
R/W=1,表示读操作,R/W=0 为写操作,A2,A1,A0 为 EEPROM 的页选或片选地址
    EepromType: 枚举变量,需为 M2401 至 M24256 中的一种,分别对应 24C01 至 24C256;函数返回值
为一个位变量, 若返回 1 表示此次操作失效, 0 表示操作成功
    ERRORCOUNT: 允许最大次数, 若出现 ERRORCOUNT 次操作失效后, 则函数中止操作, 并返回 1
*******************************************************************/
bit RW24XX(unsigned  char  *DataBuff,unsigned  char  ByteQuantity,unsigned  int
Address,
unsigned char ControlByte,enum eepromtype EepromType)
{
    unsigned char idata j,i=ERRORCOUNT;
    bit errorflag=1;
    while(i--)
    {
        IIC_Start();
        IIC_SendByte(ControlByte&0xfe);
        if(IIC_RecAck())
            continue;
        if(EepromType>M2416)
        {
            IIC_SendByte((unsigned char)(Address>>8));
            if(IIC_RecAck())
                continue;
        }
        IIC_SendByte((unsigned char)Address);
        if(IIC_RecAck())
            continue;
        if(!(ControlByte&0x01))
        {
            j=ByteQuantity;
            errorflag=0;            //清除 errorflag 标志
            while(j--)
            {
                IIC_SendByte(*DataBuff++);
                if(!IIC_RecAck())
                    continue;
                errorflag=1;
```

```
                break;
            }
            if(errorflag= =1)
                continue;
            break;
        }
        else
        {
            IIC_Start();
            IIC_SendByte(ControlByte);
            if(IIC_RecAck())
                continue;
            while(--ByteQuantity)
            {
                *DataBuff++=IIC_ReceiveByte();
                IIC_Ack();
            }
            *DataBuff=IIC_ReceiveByte();  //读最后一个字节
            IIC_NoAck();
            errorflag=0;
            break;
        }
    }
    IIC_Stop();
    if(!(ControlByte&0x01))
    {
        Delay(255);Delay(255);Delay(255);Delay(255);
        Delay(255);Delay(255);Delay(255);Delay(255);
        Delay(255);Delay(255);Delay(255);Delay(255);
    }
    return(errorflag);
}
/************************************************************************
* 名     称：void IIC_Start(void)
* 功     能：启动 IIC 总线
* 入口参数：无
* 出口参数：无
* 说     明：
************************************************************************/
void IIC_Start(void)
{
    SCL=0;  //
    SDA=1;
    SCL=1;
    _nop_();_nop_();_nop_();_nop_();_nop_();_nop_();
    _nop_();_nop_();_nop_();_nop_();_nop_();_nop_();
    SDA=0;
    _nop_();_nop_();_nop_();_nop_();_nop_();_nop_();
    _nop_();_nop_();_nop_();_nop_();_nop_();_nop_();
    SCL=0;
    SDA=1;  //
}
/************************************************************************
* 名     称：void IIC_Stop(void)
```

```
 * 功    能：停止 IIC 总线
 * 入口参数：无
 * 出口参数：无
 * 说    明：
 **********************************************************************/
void IIC_Stop(void)
{
    SCL=0;
    SDA=0;
    SCL=1;
    _nop_();_nop_();_nop_();_nop_();_nop_();_nop_();
    _nop_();_nop_();_nop_();_nop_();_nop_();_nop_();
    SDA=1;
    _nop_();_nop_();_nop_();_nop_();_nop_();_nop_();
    _nop_();_nop_();_nop_();_nop_();_nop_();_nop_();
    SCL=0;
}
/**********************************************************************
 * 名    称：bit IIC_RecAck(void)
 * 功    能：IIC 检查应答位
 * 入口参数：无
 * 出口参数：bit CY
 * 说    明：
 **********************************************************************/
bit IIC_RecAck(void)
{
    SCL=0;
    SDA=1;
    SCL=1;
    _nop_();_nop_();_nop_();_nop_();_nop_();_nop_();
    _nop_();_nop_();_nop_();_nop_();_nop_();_nop_();
    CY=SDA;  //因为返回值总是放在 CY 中的
    SCL=0;
    return(CY);
}
/**********************************************************************
 * 名    称：void IIC_Ack(void)
 * 功    能：IIC 应答
 * 入口参数：无
 * 出口参数：
 * 说    明：
 **********************************************************************/
void IIC_Ack(void)
{
    SDA=0;
    SCL=1;
    _nop_();_nop_();_nop_();_nop_();_nop_();_nop_();
    _nop_();_nop_();_nop_();_nop_();_nop_();_nop_();
    SCL=0;
    _nop_();_nop_();_nop_();_nop_();_nop_();_nop_();
    _nop_();_nop_();_nop_();_nop_();_nop_();_nop_();
    SDA=1;
}
```

```
/*************************************************************
* 名    称: void IIC_NoAck(void)
* 功    能: IIC 不应答
* 入口参数: 无
* 出口参数:
* 说    明:
*************************************************************/
void IIC_NoAck(void)
{
    SDA=1;
    SCL=1;
    _nop_();_nop_();_nop_();_nop_();_nop_();_nop_();
    _nop_();_nop_();_nop_();_nop_();_nop_();_nop_();
    SCL=0;
}
/*************************************************************
* 名    称: void IIC_SendByte(unsigned char sendbyte)
* 功    能: 向 IIC 总线写数据
* 入口参数: unsigned char sendbyte
* 出口参数:
* 说    明:
*************************************************************/
void IIC_SendByte(unsigned char sendbyte)
{
    unsigned char idata j=8;
    for(;j>0;j--)
    {
        SCL=0;
        sendbyte<<=1;      //无论 C51 怎样实现这个操作, 始终会使 CY=sendbyte^7;
        SDA=CY;
        SCL=1;
    }
    SCL=0;
}
/*************************************************************
* 名    称: unsigned char IIC_ReceiveByte(void)
* 功    能: 从 IIC 总线读数据
* 入口参数: 无
* 出口参数: unsigned char receivebyte
* 说    明:
*************************************************************/
unsigned char IIC_ReceiveByte(void)
{
    register receivebyte,i=8;
    SCL=0;
    while(i--)
    {
        SCL=1;
        receivebyte=(receivebyte<<1)|SDA;
        SCL=0;
    }
    return(receivebyte);
}
```

```
/***********************************************************************
* 名    称：void Delay(unsigned char DelayCount)
* 功    能：IIC 用简单延时
* 入口参数：unsigned char DelayCount
* 出口参数：
* 说    明：不精确
***********************************************************************/
void Delay(unsigned char DelayCount)
{
    while(DelayCount--);
}
```

第4章 综合任务：智能温室大棚环境监测终端

4.1 任务目标

根据项目规划以及任务分解，学习了单片机相关的基础知识，完成了各个单元任务，对本项目中需要的知识进行了模块验证。本任务需要对前期功能模块进行综合，基于开发板，完成智能温室大棚环境监测终端的设计工作。智能温室大棚环境监测终端需要具备的功能具体要求如下：

（1）液晶显示

在 LCD 上需要显示：

① 温室的温湿度信息。

② 当前光照强度信息。

③ 风机工作状态信息。

④ 运行时间信息。

（2）温湿度采集

① 温湿度采集频率为 1 次/s。

② 温度采集精度为 1℃。

③ 湿度精度为 1%。

④ 程序预设温度阈值，风机将根据温度阈值进行工作。阈值有高、中、低三个。

（3）光照强度采集

① 光照强度采集频为 1 次/s。

② 采集值为 ADC 转化电压值，不需要转换为光照强度。

③ 程序预设光照阈值。当光照强度小于阈值时，启动 LED 进行补光。

（4）风机工作状态

风机工作具有手动与自动两种工作模式。

① 手动模式：根据手机传输指令进行工作。指令格式为 'M'+'X'；X 为功能码。功能码为 ASCII 码。

X='0' 关闭风机；

X='1' 风机低速；

X='2' 风机中速；

X='3' 风机高速；

X='4' 切换到自动模式。

② 自动模式：当前温度<TEMP0　　　　　关闭风机；
TEMP0<=当前温度<TEMP1　　　　　　风机低速；
TEMP1<=当前温度<TEMP2　　　　　　风机中速；
TEMP2<=当前温度　　　　　　　　　　风机高速。

（5）运行时间

① LCD 上显示当前运行时间，从上电开始计时。

② 显示时、分、秒。

（6）蓝牙远程监控

① 使用蓝牙串口完成监测终端与手机之间的通信。

② 通信格式：9600bps，无奇偶校验位，8 位数据位，1 位停止位。

③ 控制协议见风机控制部分。

（7）红外报警

① 采用 LED 与蜂鸣器同时报警。

② 将报警信息通过蓝牙串口发送至手机。

（8）数据存储

① 当风机控制模式发生改变时，保存风机控制信息。

② 系统上电以后，首先读取原保存的风机控制模式。

4.2 流程图分析

根据任务要求绘制流程图。图 4-2-1 为主程序流程图。图 4-2-2 为时间显示模块流程图。图 4-2-3 为风机控制流程图，图 4-2-4 为蓝牙遥控模块流程图。

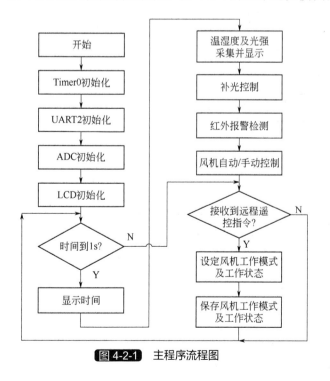

图 4-2-1　主程序流程图

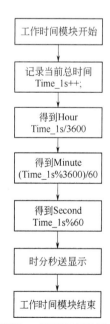

图 4-2-2　时间显示模块流程图

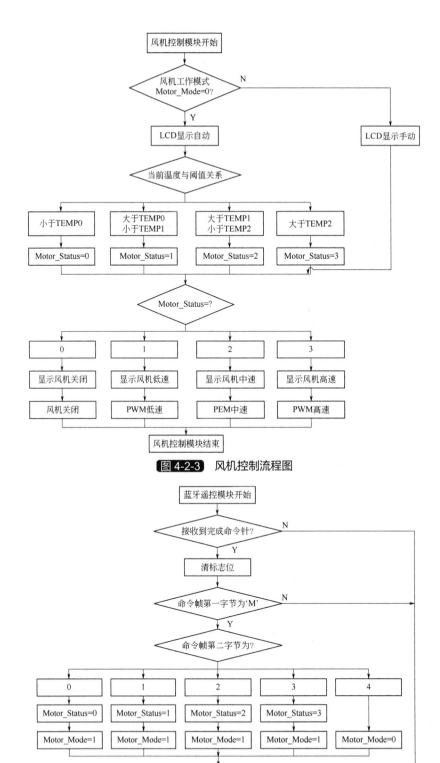

图 4-2-3　风机控制流程图

图 4-2-4　蓝牙遥控模块流程图

4.3 C51 程序

```
/**********************************************************************
* 文件名    : greenhouse.c
* 内容简述:   智能温室大棚环境监测系统
*    引脚配置:
* 版本号   : V1.0           创建日期: 2015-04-22
**********************************************************************/
/* Includes --------------------------------------------------------*/
#include <STC12C5A60S2.h>
#include "./lib/Uart.h"
#include "./lib/Uart2.h"
#include "./lib/Slcd.h"
#include "./lib/IIC.h"
#include "./lib/ADC.h"
#include "./lib/DHT11.h"
/* 变量及函数说明---------------------------------------------------*/
#define LIGHTGATE   950            //光强阈值
#define TEMP0       20             //低温阈值
#define TEMP1       25             //中温阈值
#define TEMP2       30             //高温阈值
//与时间相关定义
void Timer0_Init(void);
void Timer0_isr(void);
unsigned char cnt_50ms=10;           //50ms 的最小时间单元
unsigned char cnt_s_flag=0;          //1s 到来表示
unsigned int  xdata Time_1s=0;       //记录总时间
unsigned char xdata Time_Hour=0,Time_Minute=0,Time_Second=0;//显示用的时间
//与风机相关定义
unsigned char xdata Motor_Status=0;       //风机工作状态
unsigned char xdata Motor_Mode=0;       //风机工作模式
void PWM_Configuration(unsigned char PWM_Duty);    //PWM 控制, 注意, PWM0 与 UART2
                                                     冲突
/**********************************************************************
* 名    称: void main(void)
* 功    能: 主函数
* 入口参数: 无
* 出口参数: 无
* 说    明:
**********************************************************************/
void main()
{
    unsigned char xdata DHT11_Tempture =0; //当前温度
    unsigned char xdata DHT11_Humidity =0; //当前湿度
    unsigned int  xdata ADC_Light=0;        //当前光强
    Timer0_Init();                          //系统初始化
    UART_Init();
    UART2_Init();
    ADC_Init();

    LCD12864_Sinit();                       //LCD 界面初始化
```

```
    LCD12864_Clear();
    LCD12864_Chinese(1,1,"时间");
    LCD12864_str(1,8,":");
    LCD12864_str(1,13,":");
    LCD12864_str(2,1,"T:");
    LCD12864_str(2,9,"H:");
    LCD12864_Chinese(3,1,"光强");
    LCD12864_str(3,5,":");
    LCD12864_Chinese(4,1,"风机");
    LCD12864_str(4,5,":");
    LCD12864_str(2,6,"C");
    LCD12864_str(2,14,"%");
    LCD12864_Chinese(4,7,"自动");
//读取掉电保存风机工作状态
    RW24XX(&Motor_Mode,1,0,0xa1,M2402);
    RW24XX(&Motor_Status,1,1,0xa1,M2402);

    while(1)
    {
        if(cnt_s_flag==1)                     //每 1s 进行一次采集及判断工作
        {
            cnt_s_flag =0;                    //清 1s 标志位
//向智能手机上传信息
            DHT11_Tempture=DHT11_ReadTemperature();
            LCD12864_Uchar(2,3,DHT11_Tempture);
            UART2_SendStrs("\r\nT:");
            UART2_SendData(DHT11_Tempture);
            DHT11_Humidity=DHT11_ReadHumidity();
            LCD12864_Uchar(2,11,DHT11_Humidity);
            UART2_SendStrs("\r\nH:");
            UART2_SendData(DHT11_Humidity);
            ADC_Light=ADC_GetResult(1);
            LCD12864_Uint(3,7,ADC_Light);
            UART2_SendStrs("\r\nL:");
            UART2_SendData(ADC_Light);
            UART2_SendStrs("\r\nM:");
            UART2_SendData(Motor_Status);
//工作时间计时
            Time_1s++;
            Time_Hour=Time_1s/3600;
            Time_Minute=(Time_1s%3600)/60;
            Time_Second=Time_1s%60;
            LCD12864_Uchar(1,5,Time_Hour);
            LCD12864_Uchar(1,10,Time_Minute);
            LCD12864_Uchar(1,15,Time_Second);
//LED 补光控制
            if(ADC_Light>=LIGHTGATE)
            {
                P20=0;                        //LED
            }
            else
            {
                P20=1;
```

```
        }
//红外报警
        if(P33==1)
        {
            P21=0;                    //LED
            P06=0;                    //BUZZER
            UART2_SendStrs("\r\nAlert!");
        }
        else
        {
            P21=1;
            P06=1;
        }
//风机自动/手动控制
        if(Motor_Mode==0)                          //自动工作模式
        {
            LCD12864_Chinese(4,7,"自动");
            if(DHT11_Tempture<TEMP0)
            {
                Motor_Status=0;
            }
            else if(DHT11_Tempture<TEMP1)
            {
                Motor_Status=1;
            }
            else if(DHT11_Tempture<TEMP2)
            {
                Motor_Status=2;
            }
            else
            {
                Motor_Status=3;
            }
        }
        else if(Motor_Mode==1)          //手动工作模式
        {
            LCD12864_Chinese(4,7,"手动");
        }

        switch(Motor_Status)            //根据状态进行控制
        {
            case 0:
                LCD12864_Chinese(4,4,"关闭");
                PWM_Configuration(0xff);
                break;
            case 1:
                LCD12864_Chinese(4,4,"低速");
                PWM_Configuration(0xe0);
                break;
            case 2:
                LCD12864_Chinese(4,4,"中速");
                PWM_Configuration(0xC0);
                break;
```

```
            case 3:
                LCD12864_Chinese(4,4,"高速");
                PWM_Configuration(0x80);
                break;
            default:
                break;
        }
    }
//远程遥控
        if(UART2_ReceiveNByteFlag == 1)              //收到完整控制信息帧
        {
            UART2_ReceiveNByteFlag=0;
            if(UART2_ReceiveBuffer[0] == 'M')
            {

                switch(UART2_ReceiveBuffer[1])  //解析控制命令
                {
                    case '0':
                        Motor_Status=0;
                        Motor_Mode=1;
                        break;
                    case '1':
                        Motor_Status=1;
                        Motor_Mode=1;
                        break;
                    case '2':
                        Motor_Status=2;
                        Motor_Mode=1;
                        break;
                    case '3':
                        Motor_Status=3;
                        Motor_Mode=1;
                        break;
                    case '4':
                        Motor_Mode=0;
                        break;
                    default:
                        break;
                }
            }
            //保存风机工作状态
            RW24XX(&Motor_Mode,1,0,0xa0,M2402);
            RW24XX(&Motor_Status,1,1,0xa0,M2402);
        }
    }
}
/*********************************************************************
* 名      称：void Timer0_Init(void)
* 功      能：定时器 0 初始化
* 入口参数：无
* 出口参数：无
* 说      明：
*********************************************************************/
```

```
void Timer0_Init(void)
{
    AUXR &= 0x7F;                       // 定时器 T0 时钟 12T 模式
    ET0 = 1;
    PT0 = 0;
    TMOD &= 0xF0;
    TMOD |= 0x01;                       //Timer0，工作模式 1
    TH0 = 0x4c;                         //11.0592MHz，50ms
    TL0 = 0x00;
    EA = 1;
    TR0 = 1;
}
/*********************************************************************
* 名      称：void Timer0_isr(void)
* 功      能：定时器 0 中断服务
* 入口参数：无
* 出口参数：无
* 说      明：产生 50ms 以及产生 1s 标志
*********************************************************************/
void Timer0_isr(void) interrupt 1 using 1
{
    TH0 = 0x4c;
    TL0 = 0x00;
    cnt_50ms++;
    if(cnt_50ms == 20)
    {
        cnt_s_flag = 1;
        cnt_50ms = 0;
    }
}
/*********************************************************************
* 名      称：void PWM_Configuration(unsigned char PWM_Duty)
* 功      能：PWM 控制
* 入口参数：无
* 出口参数：无
* 说      明：PWM0 与 UART2 冲突，关闭 PWM0
*********************************************************************/
void PWM_Configuration(unsigned char PWM_Duty)
{
    CCON = 0;
    CL = 0;                             //PCA 计数器复位
    CH = 0;
    CMOD = 0x00;                        //设置 PCA 时钟源为 SYSclk/12,
//UART2 与 PWM0 输出冲突，因此在使用 UART2 时，不能控制 PWM0
//  CCAP0H = CCAP0L = 0xff;             //PWM0 占空比设置,实际等效关闭 PWM0
//  PCA_PWM0 = 0x03;
//  CCAPM0 = 0x42;                      //PCA module-0 PWM 输出模式
    CCAP1H = CCAP1L = PWM_Duty;         //PWM1 输出占空比
    CCAPM1 = 0x42;                      //PCA module-1 PWM 输出模式
    CR = 1;                             //PCA 启动
    P10 =0;                             //298 模块控制利用 P1.0 与 P1.4,PWM1 输出为 P1.4 引
                                        //脚，将 P1.0 置为低电平
}
```

参 考 文 献

[1] 徐爱钧. Keil C51 单片机高级语言应用编程与实践［M］. 北京：电子工业出版社，2013.

[2] 张毅刚. 单片机原理及应用———C51 编程+Proteus 仿真. 北京：高等教育出版社，2014.

[3] 陈涛. 单片机应用及 C51 程序设计. 第 2 版. 北京：机械工业出版社，2011.

[4] 张志良. 单片机原理与控制技术———双解汇编和 C51. 第 3 版. 北京：机械工业出版社，2013.

[5] 赵姗姗. 温室大棚建造及蔬菜栽培技术. 长春：吉林科学技术出版社，2009.

[6] 王爽. 汇编语言. 第 3 版. 北京：清华大学出版社，2013.

[7] Brian W.Kernighan, Dennis M.Ritchie. C 程序设计语言（英文影印版）. 北京：机械工业出版社，2006.

[8] Ivor Horton. C 语言入门经典. 第 5 版. 北京：清华大学出版社，2013.

[9] 贺敬凯. 单片机系统设计、仿真与应用：基于 Keil 和 Proteus 仿真平台. 西安：西安电子科技大学出版社，2011.

[10] 樊尚春. 传感器技术及应用. 第 2 版. 北京：北京航空航天大学出版社，2010.

[11] 林立，张俊亮. 单片机原理及应用：基于 Proteus 和 Keil C. 第 3 版. 北京：电子工业出版社，2014

[12] 何宾. 课程设计·毕业设计·电子设计竞赛指导丛书：单片机课程设计指导. 第 2 版. 北京：北京航空航天大学出版社，2012.

[13] 何立民. 单片机应用技术选编. 北京：北京航空航天大学出版社，1998.

[14] 李华. MCS-51 系列单片机使用接口技术. 北京：北京航空航天大学出版社，1993.

[15] 彭为. 单片机典型系统设计实例精讲. 北京：电子工业出版社，2006.

[16] 潘永雄. 新编单片机原理与应用. 西安：西安电子科技大学出版社，2003.

[17] 丁向荣. STC 系列增强型 8051 单片机原理与应用. 北京：电子工业出版，2011.

[18] 朱兆优，陈坚，邓文娟. 单片机原理与应用：基于 STC 系列增强型 8051 单片机. 第 2 版. 北京：电子工业出版社，2012.

[19] 乔之勇. 单片机应用系统设计项目化教程. 北京：电子工业出版社，2014

[20] 张志良. 单片机应用项目式教程·基于 Keil 和 Proteus. 北京：机械工业出版社，2014.